高等院校程序设计系列教材

Visual C++
实训（第4版）

郑阿奇 主编
丁有和 编著

清华大学出版社
北京

内 容 简 介

《Visual C++ 实训》（第 4 版）以 Microsoft Visual Studio 2010（Visual C++）中文专业版为平台，内容包括实验实训和综合应用实习两大部分。实验实训包括：Visual C++ 开发环境，C++ 程序基础，Windows 编程基础，常用控件，功能区和状态栏，框架窗口、文档和视图，图形和文本，数据库编程。综合应用实习是设计一个学生信息管理的较完整的程序系统，在前三版的基础上进行了全面更新，包括用 Visual Studio Installer 进行程序部署。实验还增加了"功能区"和一些最新 MFC 控件内容，扩展了"简单计算器"实训，修改了"文字特效"内容。本书与《Visual C++ 教程》（第 4 版）配套，又有延伸和拓展，并自成体系，既可配套使用，也可单独使用。本书既可作为大学本科、高职高专等各类学校的实训教材，也可作为 Visual C++ 培训和用户的自学参考书。

本书封面贴有清华大学出版社防伪标签，无标签者不得销售。
版权所有，侵权必究。举报：010-62782989，beiqinquan@tup.tsinghua.edu.cn。

图书在版编目（CIP）数据

Visual C++ 实训/郑阿奇主编；丁有和编著. —4 版. —北京：清华大学出版社，2022.3
高等院校程序设计系列教材
ISBN 978-7-302-60262-0

Ⅰ.①V… Ⅱ.①郑… ②丁… Ⅲ.①C++ 语言－程序设计－高等学校－教材 Ⅳ.①TP312.8

中国版本图书馆 CIP 数据核字（2022）第 036259 号

责任编辑：张瑞庆　薛　阳
封面设计：常雪影
责任校对：胡伟民
责任印制：杨　艳

出版发行：清华大学出版社
　　　网　　址：http://www.tup.com.cn，http://www.wqbook.com
　　　地　　址：北京清华大学学研大厦 A 座　　　邮　　编：100084
　　　社　总　机：010-83470000　　　邮　　购：010-62786544
　　　投稿与读者服务：010-62776969，c-service@tup.tsinghua.edu.cn
　　　质量反馈：010-62772015，zhiliang@tup.tsinghua.edu.cn
　　　课件下载：http://www.tup.com.cn，010-83470236
印 装 者：三河市铭诚印务有限公司
经　　　销：全国新华书店
开　　　本：185mm×260mm　　　印　　张：16.5　　　字　　数：410 千字
版　　　次：2005 年 6 月第 1 版　　2022 年 5 月第 4 版　　印　　次：2022 年 5 月第 1 次印刷
定　　　价：49.80 元

产品编号：094906-01

前 言

本书以最流行的 Microsoft Visual Studio 2010（Visual C++）中文专业版为平台，仍以前3版的体系结构为基础，包含实验实训和综合应用实习两大部分，共9个实验，包括：Visual C++ 开发环境，C++ 程序基础，Windows 编程基础，常用控件，功能区和状态栏，框架窗口、文档和视图，图形和文本，数据库编程，以及学生信息管理系统设计。其中，学生信息管理系统设计为综合应用实习。

实验在前三版的基础上进行重新整合、修改、更新和优化，增加了"功能区"和一些最新 MFC 控件内容，扩展了"简单计算器"实训，修改了"文字特效"内容，同时全面更新了"综合应用实习"解决方案和例程。同时，本书具有下列三方面的特色。

（1）本书既是 Visual C++ 教程内容的实验（实训），也是教材内容的延伸和拓展。

（2）本书既是初学者的 Visual C++ 基础应用实训，也是解决实际问题的模板。

（3）本书既可有选择地进行 Visual C++ 课程实践，也可独立成册，成为 Visual C++ 开发者的工具之一。

本书与《Visual C++ 教程》（第4版）配套使用时，可与下列内容配合组成 Visual C++ 课程包。

（1）Visual C++ 教程（第4版）：教程以"跟着学→模仿→自己应用"为思路，力争使问题简单化。翻开书，整篇体现较强的应用特色，把介绍内容和实际应用有机地结合起来。选用的实例既不太大，程序也不太长，同时实例又涉及一定的范围和意义，读者可通过实例消化主要内容。为了解决读者对 Visual C++ 较高层的内容需要，在介绍有关基本知识后一般还会引入一个小规模可运行的例子来供参考。

（2）Visual C++ 教程（第4版）课件：包含本教程的主要内容，在网上同步免费提供该课件下载，教师可据此备课和教学。同时，附上本教程所有实例源代码。

（3）Visual C++ 应用系统：在网上同步免费提供包含教程和实验（实训）中形成的学生信息管理系统的所有源文件，实习形成的人员信息管理系统的所有源文件。教师据此在课上演示，学生可据此上机模仿。

本书配套的教学资源可以在清华大学出版社网站免费下载，网站地址为 http://www.tup.com.cn。

本书不仅适合于教学，也非常适合于 Visual C++ 的各类培训和用 Visual C++ 开发应用程序的用户学习和参考。

本书由丁有和（南京师范大学）编写，郑阿奇（南京师范大学）统编并定稿。

由于编者水平有限，书中不当之处在所难免，恳请读者批评指正。

意见、建议请发送到：easybooks@163.com。

编　者

2022 年 2 月

目 录

第 1 部分　实 验 实 训

实验 0　Visual C++ 开发环境 ······ 3

- 0.1　认识 Visual C++ 开发环境 ······ 4
  - 0.1.1　创建项目工作文件夹 ······ 4
  - 0.1.2　启动 Visual Studio 2010 ······ 4
  - 0.1.3　创建并运行控制台应用程序 ······ 4
  - 0.1.4　认识开发环境布局 ······ 9
- 0.2　使用代码编辑器 ······ 9
  - 0.2.1　设置代码的字体 ······ 9
  - 0.2.2　选定和编辑代码 ······ 10
  - 0.2.3　使用代码大纲功能 ······ 11
  - 0.2.4　学会书签和代码定位 ······ 12
- 0.3　工具栏与窗口操作 ······ 13
  - 0.3.1　认识和操作工具栏 ······ 13
  - 0.3.2　窗口操作 ······ 14
- 0.4　C++ 程序的基本开发 ······ 15
  - 0.4.1　替换添加一个 C++ 程序 ······ 15
  - 0.4.2　修正语法错误 ······ 17
  - 0.4.3　退出 Visual Studio 2010 ······ 18
- 0.5　常见问题处理 ······ 18
- 思考与练习 ······ 19

实验 1　C++ 程序基础 ······ 20

- 1.1　类的设计 ······ 21
  - 1.1.1　设计基类 CPerson ······ 21
  - 1.1.2　派生 CStudent 类和 CTeacher 类 ······ 24
- 1.2　虚函数 ······ 26
  - 1.2.1　设计输入虚函数 Input() ······ 26

  1.2.2 设计输出虚函数 Output() ·················· 28
 1.3 数据模型和操作 ·················· 31
  1.3.1 动态数组 ·················· 31
  1.3.2 添加、删除和查找 ·················· 32
  1.3.3 较完整的人员信息管理 ·················· 35
 1.4 常见问题处理 ·················· 36
思考与练习 ·················· 37

实验 2 Windows 编程基础 38

 2.1 SDK 编程 ·················· 39
  2.1.1 基于 SDK 的 Win32 程序框架 ·················· 39
  2.1.2 创建控件并显示标题 ·················· 42
  2.1.3 获取并输出计算结果 ·················· 44
 2.2 MFC 编程 ·················· 45
  2.2.1 MFC 程序框架 ·················· 45
  2.2.2 WM_CREATE 消息及其映射 ·················· 47
  2.2.3 按钮消息映射 ·················· 48
 2.3 MFC 向导 ·················· 49
  2.3.1 创建对话框应用程序 ·················· 50
  2.3.2 设置对话框属性 ·················· 50
  2.3.3 添加和布局控件 ·················· 52
  2.3.4 映射消息并完善代码 ·················· 53
 2.4 常见问题处理 ·················· 55
思考与练习 ·················· 55

实验 3 常用控件 56

 3.1 简单计算器与功能扩展 ·················· 57
  3.1.1 设计计算器对话框 ·················· 57
  3.1.2 扩展功能按钮的显示与隐藏 ·················· 60
  3.1.3 映射并控制输入 ·················· 63
  3.1.4 解析并输出结果 ·················· 66
  3.1.5 扩展功能的实现 ·················· 71
 3.2 控件图案绘制 ·················· 72
  3.2.1 设计图案绘制对话框 ·················· 72
  3.2.2 WM_PAINT 和控件绘制 ·················· 74
  3.2.3 图案及其颜色调整 ·················· 76
 3.3 管理学生的个人信息 ·················· 79
  3.3.1 设计主对话框 ·················· 79
  3.3.2 添加并设计个人信息对话框 ·················· 80

   3.3.3 完善个人信息操作 ·· 84
 3.4 常见问题处理 ·· 89
 思考与练习 ·· 89

实验 4　功能区和状态栏　　　　　　　　　　　　　　　　　　　　90

 4.1 设计"段落"面板 ·· 91
   4.1.1 基于功能区的 CRichEditView 框架 ······················· 91
   4.1.2 设计"段落"面板 ··· 93
   4.1.3 映射和更新命令 ·· 95
   4.1.4 快捷菜单和加速键 ·· 96
 4.2 设计"字体"面板 ·· 98
   4.2.1 添加"字体"面板 ·· 98
   4.2.2 映射元素消息 ·· 99
   4.2.3 完善"字体"格式功能 ·· 101
 4.3 状态栏的设置和编程 ··· 106
   4.3.1 向状态栏中添加窗格 ·· 107
   4.3.2 显示行号和列号 ·· 109
   4.3.3 显示 Ins 键状态 ·· 111
 4.4 简单调试 ·· 111
   4.4.1 设置断点 ·· 112
   4.4.2 控制程序运行 ·· 112
   4.4.3 查看和修改变量的值 ·· 114
 4.5 常见问题处理 ·· 116
 思考与练习 ·· 116

实验 5　框架窗口、文档和视图　　　　　　　　　　　　　　　　　117

 5.1 表单 Ex_Form ·· 118
   5.1.1 设计表单 ·· 118
   5.1.2 可序列化类 ·· 120
   5.1.3 MFC 属性网格 ·· 123
   5.1.4 实现数据操作 ·· 124
 5.2 视图切换 ·· 129
   5.2.1 添加列表视图 ·· 129
   5.2.2 实现视图切换 ·· 131
 5.3 切分窗口 ·· 133
   5.3.1 目录树 ·· 134
   5.3.2 文件列表 ·· 137

5.3.3　切分实现 ································· 140
　5.4　常见问题处理 ······································ 142
　思考与练习 ·· 143

实验 6　图形和文本　　　　　　　　　　　　144

　6.1　针式时钟 ·· 145
　　6.1.1　设计对话框 ································· 145
　　6.1.2　绘制时钟 ···································· 146
　　6.1.3　映射 WM_TIMER 消息 ················ 151
　6.2　一个简单的 CAD 程序 ························ 152
　　6.2.1　框架和数据流 ···························· 153
　　6.2.2　动态绘制 ···································· 156
　　6.2.3　对象拾取 ···································· 163
　　6.2.4　属性修改 ···································· 168
　6.3　文字特效 ·· 171
　　6.3.1　设计对话框 ································· 171
　　6.3.2　特效框架 ···································· 172
　　6.3.3　文字变形 ···································· 175
　6.4　常见问题处理 ······································ 180
　思考与练习 ·· 181

实验 7　数据库编程　　　　　　　　　　　　182

　7.1　MFC ODBC ·· 183
　　7.1.1　数据库和数据源 ························· 183
　　7.1.2　记录列表显示 ···························· 185
　　7.1.3　添加、修改和删除 ····················· 188
　7.2　MFC DAO ·· 193
　　7.2.1　界面框架 ···································· 193
　　7.2.2　DAO 支持 ··································· 194
　　7.2.3　操作 MDB ··································· 195
　7.3　ADO 编程 ··· 198
　　7.3.1　数据库和框架 ···························· 199
　　7.3.2　多表项显示 ································· 201
　　7.3.3　记录添加 ···································· 203
　7.4　常见问题处理 ······································ 207
　思考与练习 ·· 209

第 2 部分　综合应用实习

实验 8　学生信息管理系统设计　213
8.1.1　系统功能　213
8.1.2　数据库　214
8.2　系统设计　215
8.2.1　界面设计　215
8.2.2　模块及接口　216
8.3　编程与实现　218
8.3.1　基本框架　219
8.3.2　列表显示　221
8.3.3　专业字典维护　226
8.3.4　表记录操作　228
8.3.5　统计分析　229
8.3.6　序列化　233
8.3.7　打印和打印预览　237
8.4　测试与部署　245
8.4.1　系统测试　245
8.4.2　项目部署　246

第1部分 实验实训

EXPERIMENT 实验 0
Visual C++ 开发环境

常见的 C++ 集成开发环境(Integrated Development Environment，IDE)有 Microsoft Visual Studio(Microsoft Visual C++)、各种版本的 Borland C++(如 Turbo C++、C++ Builder 等)、IBM Visual Age C++ 和 Bloodshed 免费的 Dev-C++ 等。但由于 Microsoft Visual Studio 在项目文件管理、调试以及操作的亲和力等方面都略胜一筹，从而成为目前使用极为广泛的基于各种平台的可视化编程环境。

Microsoft Visual Studio 2010(Visual C++)分为速成版、专业版、高级专业版、旗舰版和团队版等多个版本，但其基本功能是相同的。本书以专业版(且已安装了 SP1)作为 Windows 7 下的编程环境，为统一起见，仍称之为 Visual C++。

本实验(实训)首先介绍如何启动 Microsoft Visual Studio 2010(Visual C++)，并以一个简单控制台应用程序创建和运行过程为例，认识并操作其开发环境。同时，还将以一个基本的 C++ 程序进行实践，其中包括在文档窗口中使用高级编辑功能，然后操作项目工作区，并对简单的程序错误进行修改。在这些内容之后还将以"常见问题"的形式来总结一些技巧和方法，如编译死机时的处理等。

实验目的

- 熟悉 Visual C++ 开发环境。
- 学会添加并编译 C++ 程序。
- 能通过项目工作区对程序文档进行打开、定位、增删、编辑等操作。
- 学会修正常见的程序错误。
- 熟悉常见问题的处理方法和技巧。

实验内容

- 认识 Visual C++ 开发环境。
- 掌握工具栏及窗口操作。
- 熟练使用项目工作区。
- 掌握 C++ 程序的基本开发。

实验准备和说明

- 在装有 Windows 7(或其以后操作系统)的 PC 中，安装好 Microsoft Visual Studio

2010 专业版，且已安装了 SP1。
- 熟悉 Windows 操作系统的环境和基本操作。

0.1 认识 Visual C++ 开发环境

这里先通过一个"控制台应用程序"的创建和运行来认识 Visual C++ 开发环境。所谓"控制台应用程序"，是指那些需要与传统 DOS（Disk Operating System，磁盘操作系统）保持程序上的某种兼容，同时又不需要为用户提供完善界面的程序。简单地讲，就是指在 Windows 环境下运行的 DOS 程序。

具体的实验（实训）过程如下。
(1) 创建项目工作文件夹。
(2) 启动 Microsoft Visual Studio 2010。
(3) 创建并运行控制台应用程序。
(4) 认识开发环境布局。

0.1.1 创建项目工作文件夹

由于 Visual C++ 对应用程序是采用文件夹的方式来管理的，即一个程序项目的所有源代码、编译的中间代码、连接的可执行文件等内容均放置在与程序项目名同名的文件夹中及其下的 debug（调试）或 release（发行）子文件夹。因此，在用 Visual C++ 进行应用程序开发时，一般先要创建一个项目工作文件夹，以便于集中管理和查找。

为本实验（实训）程序创建 Visual C++ 项目工作文件夹"D:\Visual C++ 程序\LiMing"（LiMing 是自己的名字），以后所有创建的应用程序项目都在此文件夹下。在文件夹"LiMing"下再创建一个子文件夹"0"，这样本次实验（实训）程序均在该文件夹下。下一次就在"LiMing"文件夹下创建子文件夹"1"，以此类推。

0.1.2 启动 Visual Studio 2010

在 Windows 7（及其以后操作系统）中，选择"开始"→"所有程序"→Microsoft Visual Studio 2010→Microsoft Visual Studio 2010 菜单命令，运行 Microsoft Visual Studio 2010。

第一次运行时，会出现如图 0.1 所示的"选择默认环境设置"对话框。对于 Visual C++ 用户来说，为了能延续以往的环境布局和操作习惯，应选中"Visual C++ 开发设置"，然后单击 启动 Visual Studio(S) 按钮。稍等片刻后，出现 Microsoft Visual Studio 2010 开发环境，如图 0.2 所示。

0.1.3 创建并运行控制台应用程序

具体步骤如下。

(1) 在开发环境顶层菜单中，选择"文件"→"新建"→"项目"菜单命令或按快捷键 Ctrl+Shift+N 或单击顶层菜单下的标准工具栏中的 按钮，弹出"新建项目"对话框，如图 0.3 所示。在"已安装的模板"栏下选中 Visual C++ 下的 Win32 结点（图 0.3 中的标记 1），在中间的模板栏中选中 Win32 控制台应用程序 （图 0.3 中的标记 2）。

图 0.1 "选择默认环境设置"对话框

图 0.2 Microsoft Visual Studio 2010 简体中文专业版开发环境

（2）单击"位置"编辑框右侧的"浏览"按钮 浏览(B)... （图 0.3 中的标记 3），从弹出的"项目位置"对话框中指定项目所在的文件夹 计算机 ▶ 本地磁盘 (D:) ▶ Visual C++程序 ▶ LiMing ▶ 0 ，单击 选择文件夹 按钮，回到如图 0.3 所示的"新建项目"对话框中。

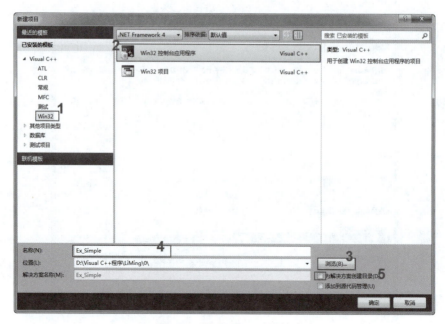

图 0.3 "新建项目"对话框

(3) 在"新建项目"对话框的"名称"编辑框中输入名称"Ex_Simple"(双引号不输入)(图 0.3 中的标记 4)。特别地,要取消勾选"为解决方案创建目录"复选框(否则文件夹的层次比较多)(图 0.3 中的标记 5)。

(4) 单击 确定 按钮,弹出"Win32 应用程序向导"对话框,单击 下一步> 按钮,进入"应用程序设置"页面,一定要选中"附加选项"中的"空项目"复选框,如图 0.4 所示,单击 完成 按钮,系统开始创建 Ex_Simple 空项目。

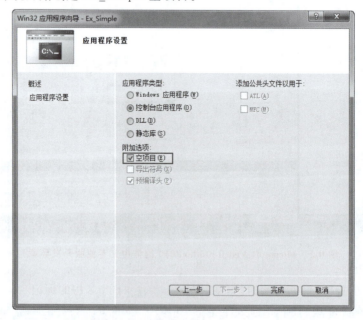

图 0.4 向导"应用程序设置"页面

(5)在开发环境顶层菜单中,选择"项目"→"添加新项"菜单命令或按快捷键 Ctrl+Shift+A 或单击标准工具栏中的 ![] · 按钮,弹出"添加新项"对话框,如图 0.5 所示,在"已安装的模板"栏下选中 Visual C++ 下的"代码"结点(图 0.5 中的标记 1),在中间模板栏中选中 C++ 文件(.cpp)(图 0.5 中的标记 2);在"名称"栏中输入文件名"Ex_0"(扩展名.cpp 可省略)(图 0.5 中的标记 3)。

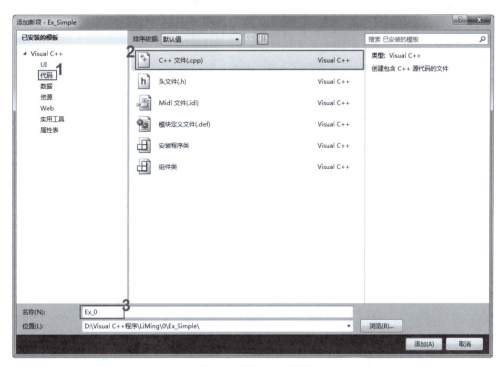

图 0.5 添加 C++ 文件

(6)单击 添加(A) 按钮,在打开的文档窗口中输入下列 C++ 代码。

```
#include<iostream>
using namespace std;
int main()
{
    cout<<"Hello World!\n";      /*输出*/
    return 0;                    /*指定返回值*/
}
```

边输入边可以看到输入的代码的颜色会相应地发生改变,这是 Microsoft Visual Studio 2010 的文本编辑器所具有的语法颜色功能,绿色表示注释(如/* … */),蓝色表示关键词(如 return)等。

(7)选择"生成"→"生成解决方案"菜单命令或直接按快捷键 F7,系统开始对 Ex_0.cpp 进行编译、连接,同时在输出窗口中显示编连信息,当出现"==生成:成功 1 个,失败 0 个,最新 0 个,跳过 0 个=="时表示可执行文件 Ex_Simple.exe 已经正确无误地生成了。

(8) 选择"调试"→"开始执行(不调试)"菜单命令或直接按快捷键 Ctrl+F5,就可以运行刚刚生成的 Ex_Simple.exe 了,结果如图 0.6 所示。

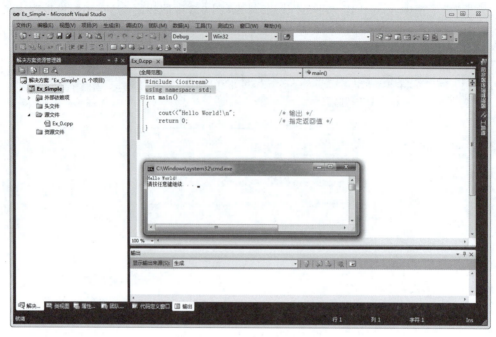

图 0.6　开发环境和运行结果

需要说明的是:

(1) 上述最后两步也可合二为一,即直接按第(8)步进行。

(2) 控制台窗口中,"请按任意键继续…"是 Visual C++ 自动加上去的,表示 Ex_Simple 运行后,任意按一个键将返回到 Microsoft Visual Studio 2010 开发环境。

(3) 默认情况下,控制台窗口显示的是黑底白字,必要时可对其属性进行修改,具体方法是:在控制台窗口标题的最左边单击 图标,从弹出的快捷菜单中选择"属性"菜单命令,弹出"属性"对话框。从中可以看出,"属性"对话框含有"选项""字体""布局"和"颜色"4个标签,通过这些选项卡可以设置相应的属性,如图 0.7 所示。

图 0.7　控制台窗口的属性

0.1.4 认识开发环境布局

参看图 0.2 和图 0.6 的 Microsoft Visual Studio 2010 开发环境，可以看出：它除了具有和 Windows 窗口一样的标题栏、菜单栏、工具栏和状态栏外，其余的界面可分为三个区域：中间的是文档窗口区，左侧的是解决方案(项目)工作区以及右下底部的信息输出区。

中间的文档窗口区是最主要的区域之一，占着较大的范围。它不仅可以显示各种程序代码的源文件、资源内容等文档，而且还将 Web 浏览器(IE)嵌入其中，从而可以直接浏览 Web 页面。由于各文档页面均以选项卡形式呈列在窗口区上方，因而文档内容的切换只需单击相应的标签即可，操作非常方便。

默认时，文档窗口区打开的是"起始页"页面，显示的内容除了"连接到…""新建项目…""打开项目…"以及"最近使用的项目"外，在右侧还有"入门""指南和资源"以及"最新新闻"等。

在开发环境的左侧是解决方案(项目)工作区，或直接称为"项目工作区"，它是由"解决方案资源管理器""类视图""资源视图"及"团队资源管理器"页面等组成，并以"树结构"方式来显示解决方案(项目)中的绝大多数信息和相应的操作项，包括类成员、解决方案项目文件结点以及资源结点等。需要说明的是，项目工作区中的页面也是按选项卡的形式来呈现的，因此只要单击其底部的文本标签即可切换到相应的页面。

信息输出区位于开发环境右侧的底部，一般包括"代码定义窗口""调用浏览器"以及"输出"等页面，用来显示各种调用关系、编连信息、查找等内容。

0.2 使用代码编辑器

Microsoft Visual Studio 2010 代码编辑器不仅具备常规的编辑功能，而且还有代码大纲、书签等功能。具体的实验(实训)过程如下。

(1) 设置代码的字体。
(2) 选定和编辑代码。
(3) 使用代码大纲功能。
(4) 学会书签和代码定位。

0.2.1 设置代码的字体

默认代码字体有时不满足个性化的需要，所以常常需要更改代码字体，其步骤如下。

(1) 选择"工具"→"选项"菜单命令，弹出"选项"对话框(窗口)，在左侧"环境"结点下，找到并单击"字体和颜色"，如图 0.8 所示。

(2) 在右侧的"显示其设置"框下保留其默认值"文本编辑器"，将"字体"选择为"幼圆"，"大小"设为"10"(或"9"或"11")(若单击 使用默认值(U) 按钮，则恢复其默认值)。单击 确定 按钮，"选项"对话框关闭，设置生效。

需要说明的是，"幼圆"虽说是一个不错的中文字体，其代码字母看起来也还不错。但有一种更好的英文字体可用于 Visual Studio 2010 中，这个字体就是 Consolas(大小设为 10)。它是一种专门为编程人员设计的字体，这个字体的特性是所有字符都具有相同的宽度，让编

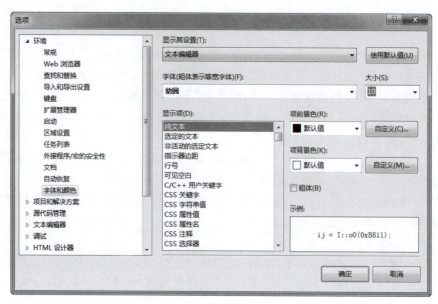

图 0.8 代码字体和颜色设置

程人员看着更舒服。这个字体还专门为 ClearType 做了优化，可以让它更舒适地展示在 LCD 屏幕上。

另外，除了字体和大小外，在开始编辑代码时，插入或修改的代码行的左边竖直线旁（前置区域）显示一个黄色标记。代码保存后，凡是黄色标记的都变成了绿色标记。

0.2.2 选定和编辑代码

代码编辑器具有两种文本选定模式：一是连续选定，二是框（栏）选定。所谓连续选定，就是从代码的某个字符开始从上到下或从左至右按顺序选定；而所谓的框（栏）选定，指选中文本的矩形部分，而不是选中整行，选中的内容是矩形中的所有字符。

在 Visual Studio 2010 中，代码文本的连续选定可有下列操作。

(1) 按住鼠标左键，将光标拖动到要选择的代码字符，即可选定连续的文本。

(2) 按住 Shift 键，单击鼠标左键，则从上一次鼠标位置和当前位置之前的连续字符被选定。若单击鼠标时鼠标指针是反向箭头，则选定的连续文本到当前鼠标位置所在的行为止。

(3) 将鼠标移至代码左边竖直线靠右的"选定内容的边距"时，鼠标指针是反向箭头，单击鼠标，当前位置所在的代码行被选定。

若要进行代码文本的框（栏）选定，则可有下列操作。

(1) 按住 Alt 键，按住鼠标左键，将光标拖动到要选择的位置时松开左键即可。

(2) 按住 Shift+Alt 组合键，单击鼠标左键，则从上一次鼠标位置和当前位置所决定的矩形部分被选定。

一旦选定代码文本，就可对其进行编辑。编辑的方法同一般的字处理程序或记事本相同，例如，Insert 用于在"插入"和"改写"之间进行切换，Ctrl+C 和 Ctrl+V 分别用于选定代码的复制和粘贴等。

0.2.3 使用代码大纲功能

Visual Studio 2010 代码编辑器具有代码大纲功能，即可将某段代码折叠起来，同时显示一个加框标记和显示在左边竖直线旁的一个加号(＋)，如下列步骤。

(1) 将 Ex_0.cpp 代码中的 main()函数的全部代码行选中。

(2) 右击鼠标，从弹出的快捷菜单中选择"大纲显示"→"隐藏选定内容"，如图 0.9 所示。

这样，整个 main()函数的全部代码被隐藏起来，同时显示一个加框标记和显示在左边竖直线旁的加号(＋)框标记。

可见，复杂的代码通过大纲方式可使其可读性增强。默认时，在带注释的代码行、函数等首行代码的前置区域中均有一个减号(－)框标记，单击它可折叠其代码。

需要说明的是。

(1) 若在有"{}"的函数或块中右击鼠标，则它会自动识别所在的块或结构代码，尤其是选择(if、switch)结构、循环结构等。

(2) 若要折叠整个项目中所有类型的成员，则可在"大纲显示"的子菜单中选择"折叠到定义"命令。当然，若选择"大纲显示"→"停止大纲显示"命令，则所有已折叠的部分都会展开，同时指示器边距中用于折叠这些部分的减号(－)框标记也不再出现。简单地说，所有的大纲定义都将被取消。

(3) 由于代码编辑器的默认设置总是"自动大纲显示"的，所以停止大纲显示后不用担心大纲显示的恢复，只要添加一个代码行或删除代码行时，自动大纲显示就恢复了。

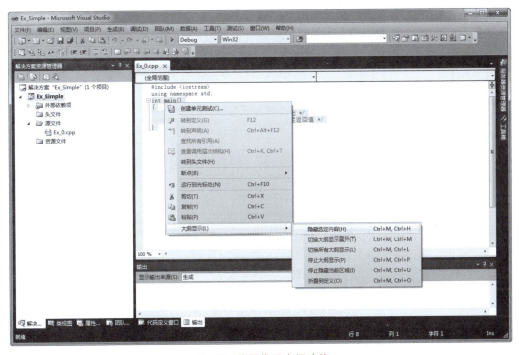

图 0.9 使用代码大纲功能

0.2.4 学会书签和代码定位

在 Microsoft Visual Studio 2010 代码编辑器中浏览文本或代码的方法有许多种。

（1）使用箭头方向键一次移动一个字符，或将箭头方向键与 Ctrl 键组合使用，一次可以移动一个单词。箭头方向键还可以一次移动一行。

（2）用鼠标单击某个位置，该位置为当前插入代码的位置。其中，闪烁的"I"光标称为插入点。

（3）使用滚动条或鼠标的滚动轮在整个文本中移动。

（4）使用 Home、End、Page Up 和 Page Down 键分别将使插入点移至行头、行尾、向上移动一页、向下移动一页。

（5）使用 Ctrl+Page Up 和 Ctrl+Page Down 组合键将插入点移动到窗口的顶端或底端。

（6）使用 Ctrl+↑和 Ctrl+↓可向上和向下滚动视图，但不会移动插入点。

事实上，除上述操作外，Microsoft Visual Studio 2010 代码编辑器还可有行号和书签定位等方法。

1. 行号定位

行号定位之前，首先要启动行号功能，然后才能进行定位操作，具体步骤如下。

（1）选择"工具"→"选项"菜单命令，弹出"选项"对话框。在左侧树结点中，展开"文本编辑器"结点，从中选定"所有语言"，如图 0.10(a)所示。

（2）在右侧"显示"中选定"行号"。单击 确定 按钮，"选项"对话框关闭，文档窗口中的每个代码行前面自动显示出行号。

（3）选择"编辑"→"转到"菜单命令或直接按快捷键 Ctrl+G，弹出"转到行"对话框，如图 0.10(b)所示，输入转向的行号，单击 确定 按钮即可。

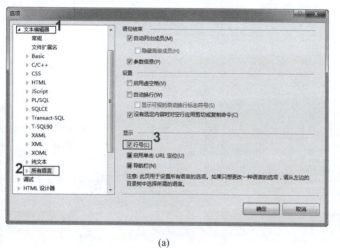
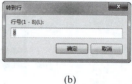

(a)　　　　　　　　　　　　　　(b)

图 0.10　启用行号及行号定位

2. 书签定位

默认时，当代码或其他文档打开时就会在开发环境的顶部自动显示出"文本编辑器"工具栏，如图 0.11 所示，它分别由智能感知、缩进、注释和书签这几个部分组成。其中，书签组的各个工具按钮,其作用如表 0.1 所示。

图 0.11 "文本编辑器"工具栏

表 0.1 书签各工具按钮说明

图 标	快 捷 键	含 义
	Ctrl+K+Ctrl+K	在当前行设定或取消书签。一旦设定,则在代码行前面有一个标记
	Shift+F2	将插入点移至上一个书签位置处
	F2	将插入点移至下一个书签位置处
	Ctrl+Shift+K+Ctrl+Shift+N	将插入点移至当前文件夹下的上一个书签位置处
	Ctrl+Shift+K+Ctrl+Shift+P	将插入点移至当前文件夹下的下一个书签位置处
		将插入点移至当前文档中的上一个书签位置处
		将插入点移至当前文档中的下一个书签位置处
	Ctrl+Shift+F2	清除全部文件中的所有书签

当然,相同的命令还可在"编辑"→"书签"菜单下进行,只不过其"书签"命令更加完整。

使用书签时,先在指定位置(或当前插入点所在的代码行)单击"文本编辑器"工具栏上的工具图标按钮,若该代码行已有书签,则此操作为取消书签,否则为设定书签。一旦有书签设定,则所有书签图标按钮均可使用。

0.3 工具栏与窗口操作

菜单栏下面是工具栏。工具栏上的按钮通常和一些菜单命令相对应,提供了执行经常使用的命令的一种快捷方式。而组成 Microsoft Visual Studio 2010 开发环境的窗口可只分为两种类型,一种是"文档窗口",另一种是"工具窗口"。

具体的实验(实训)过程如下。
(1) 认识和操作工具栏。
(2) 窗口操作。

0.3.1 认识和操作工具栏

当创建或打开项目后,开发环境默认显示的工具栏除了"文本编辑器"外,就只有"标准"工具栏。如图 0.12 所示,标准工具栏中的工具按钮命令一般可分为四部分:一是常用的文档编辑命令,如新建、保存、撤销、恢复等;二是调用启动命令和项目配置操作;三是查找;四是常用各种窗口的显示命令。

需要说明的是,开发环境中的工具栏往往随当前项目状态而自动显示或隐藏。当然,也

图 0.12 "标准"工具栏

可采用这两种方式手动进行:一种是选择"视图"→"工具栏"下的工具栏菜单命令(凡显示在开发环境的工具栏,其菜单项前面均有一个选中标记✓),如图 0.13 所示。另一种是在工具栏的把手(见图 0.13 的框选标记)处右击鼠标,就会弹出一个包含工具栏名称的快捷菜单。若要显示某工具栏,只需单击该工具栏名称的菜单项即可。同样的操作再进行一次,当前菜单项前面的选中标记消失,该工具栏就会从开发环境中消失。

图 0.13 显示与隐藏的工具栏菜单项

0.3.2 窗口操作

组成 Microsoft Visual Studio 2010 开发环境的窗口可只分为两种类型,一种是"文档窗口",另一种是"工具窗口"。文档窗口是动态产生的,当打开一个 C++ 文件时或在项目工作区查看类、资源等具体内容时,就会在文档窗口区中打开一个文档窗口用来显示相应的内容。而除文档窗口外的窗口都可称为工具窗口,如输出窗口和属性窗口等。

在开发环境中,文档窗口的切换可直接在文档窗口区上方单击相应的标签进行,或单击文档窗口最右上角的下拉按钮,从弹出的下拉文档列表中选择要显示的文档项即可。若单击下拉按钮右边的"关闭"按钮✖，则退出当前文档。而对于工具窗口来说，窗口操作往往可以有浮动和停靠、选项卡式文档、自动隐藏等。

（1）浮动和停靠。Visual Studio 2010 刚开始运行时，窗口区中的各种窗口均处于停靠状态，任何时候用鼠标双击窗口标题栏，都会在浮动和停靠之间进行切换。若用鼠标按住某个窗口，可将其拖放到整个窗口区的任何位置，这个位置可以是任何一个窗口区的四边。被拖放的窗口既可单独显示在开发环境界面中的某处，也可与窗口区的其他窗口构成一组。

（2）选项卡式文档。对于工具窗口来说，可通过"选项卡式文档停靠"命令使其按文档窗口模式来操作。单击某个工具窗口后，选择"窗口"→"选项卡式文档停靠"菜单命令，则将该工具窗口以标签的方式显示在文档窗口区中。当然，若此时选择"窗口"→"停靠"菜单命令，则当前工具窗口恢复到上次停靠位置。

（3）自动隐藏。自动隐藏的功能能够使窗口显示的数量更多，凡是自动隐藏的窗口，都会在其靠近的那一侧边最小化，并只显示出窗口名称标签，参看图 0.13 右侧边的"服务器资源管理器"和"工具箱"默认两个窗口。当用户将鼠标移动到这样窗口的名称标签时，该窗口就会自动滑出，当该窗口具有输入焦点时（即该窗口标题栏高亮显示），它不会自动隐藏，一旦失去焦点，它又滑向屏幕的侧边，呈最小化状态。

图 0.14　窗口标题栏上的按钮

（4）关闭和显示。在窗口区中，每个活动窗口的标题栏处都有下拉操作、自动隐藏和"关闭"按钮，如图 0.14 所示。单击"关闭"按钮后，窗口被关闭，但可通过选择"视图"菜单下的菜单命令，或选择"视图"→"其他窗口"菜单命令，或单击"标准"工具栏右侧的窗口命令来恢复显示相应的窗口。

需要说明的是，当用鼠标右击窗口的标题栏时，或单击下拉按钮，都会弹出一个快捷菜单，其菜单命令依次为"浮动""停靠""选项卡式文档停靠""自动隐藏"和"隐藏"，这些命令与"窗口"菜单同名命令功能相一致。

0.4　C++ 程序的基本开发

在 Visual C++ 中，开发一个 C++ 程序最简单的方法就是创建一个 Win32 控制台应用程序空项目，然后添加 C++ 源文件、清除代码中的错误，最后编连生成可执行文件并运行。

具体的实验（实训）过程如下。

（1）替换添加一个 C++ 程序。
（2）修正语法错误。
（3）退出 Microsoft Visual Studio 2010。

0.4.1　替换添加一个 C++ 程序

将 Ex_Simple.cpp 文件中的代码添加并进行修改，其步骤如下。

（1）选择"项目"→"添加新项"菜单命令或按快捷键 Ctrl+Shift+A 或单击标准工具栏

中的 ,弹出"添加新项"对话框,在"已安装的模板"栏下选中 Visual C++ 下的"代码"结点,在中间模板栏中选 C++文件(.cpp);在"名称"栏中输入文件名"Ex_1"(扩展名.cpp 可省略)。

(2) 单击 添加(A) 按钮,在打开的文档窗口中输入下列 C++ 代码。

```cpp
#include<iostream>
using namespace std;
int main()
{
    double r, area;
    r =10.0;                                //设置圆的半径
    aea =3.14159 * r * r;
    cout<<"圆的面积为:"<<area<<"\n";
    return 0;                               /*指定返回值*/
}
```

这段代码是有错误的,下面会通过开发环境来修正它。注意:在输入字符和汉字时,要切换到相应的输入方式,除了字符串和注释可以使用汉字外,其余一律用英文字符输入。

(3) 在项目工作区的"解决方案资源管理器"页面中,右击"源文件"的 Ex_0.cpp 结点,从弹出的快捷菜单中选中"从项目中排除"命令,这样就将最前面的 Ex_0.cpp 源文件排除出项目。

(4) 选择"生成"→"生成解决方案"菜单命令或直接按快捷键 F7,系统开始对项目中的 Ex_1.cpp 进行编译、连接,同时在输出窗口中显示编连信息。由于这段代码有错误,所以会出现"==生成:成功 0 个,失败 1 个,最新 0 个,跳过 0 个 =="字样,如图 0.15 所示。

图 0.15　编译项目中的新源文件 Ex_1.cpp

0.4.2 修正语法错误

编写的程序代码总会有一些语法错误,这其中包含以下两类。
(1) 未定义或不合法的标识符,如函数名、变量名或类名等。
(2) 数据类型或参数类型及个数不匹配。

当编译出现错误或警告时,应先定位到产生错误的源代码位置处。在 Microsoft Visual Studio 2010 中,常常可使用下列一些方法。

(1) 在"输出"窗口中双击某个错误,或将光标移到该错误处按 Enter 键,则该错误被亮显,状态栏上显示出错误内容,并定位到相应的代码行中,且该代码行最前面有个蓝色箭头标志。

(2) 按 F4 键可显示下一条错误,并定位到相应的源代码行。按 Shift+F4 组合键可显示并转到上一错误。

(3) 在"输出"窗口中的某个错误项上,右击鼠标,在弹出的快捷菜单中选择"转到位置""转到上一位置"及"转到下一位置"等命令。

下面的过程就是修改 Ex_1.cpp 中的代码错误。

(1) 将"输出"页面窗口中的滚动条向上滚动,使窗口中显示出第一条错误信息"xxxex_1.cpp(7):error C2065:'aea':未声明的标识符",其含义是:'aea'未定义,错误发生在 ex_1.cpp 文件中的第 7 行。双击该错误提示信息,光标将自动定位在发生该错误的代码行中。

(2) 将"aea"改成"area",重新编译和连接。编译后,"生成"页面给出的第一条错误信息是。

```
xxxex_1.cpp(8):error C2001:常量中有换行符
```

(3) 将"\n 改为"\n",选择"调试"→"开始执行(不调试)"菜单命令或直接按快捷键 Ctrl+F5,弹出对话框,提示"此项目已过期,…,是否希望生成它?",单击 [是(Y)] 按钮,运行的结果如图 0.16 所示。

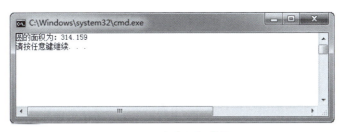

图 0.16 程序运行结果

从 Ex_0.cpp 和 Ex_1.cpp 代码可以看出。

(1) 为了避免与早期库文件相冲突,C++ 引用了"名称空间(namespace)"这个特性,并重新对库文件命名,去掉了早期库文件中的扩展名.h。又由于 iostream 是 C++ 标准组件库,它所定义的类、函数和变量均放入名称空间 std 中,因此需要在程序文件的开始位置处指定"using namespace std;",以便能被后面的程序所使用。

事实上,cout 就是 std 中已定义的标准输出流对象,若不使用"using namespace std;",

还应在调用时通过域作用运算符"::"来指定它所属的名称空间,即如下述格式来使用。

> std::cout<<"圆的面积为: "<<area<<"\n";
> //::是域作用运算符,表示 cout 是 std 域中的对象

(2)简单地说,一个程序项目是由若干个程序源文件组成的。为了与其他语言相区别,每一个 C++ 程序源文件通常是以.cpp(c plus plus,C++)为扩展名,其代码是由编译预处理指令、数据或数据结构定义以及若干个函数组成。

0.4.3 退出 Visual Studio 2010

退出 Microsoft Visual Studio 2010 有两种方式:一种是单击主窗口右上角的"关闭"按钮 ![X] ,另一种是选择"文件"→"退出"菜单命令。

0.5 常见问题处理

初学者第一次接触 Microsoft Visual Studio 2010 时,往往会遇到以下一些问题。

(1)不小心将开发环境的窗口弄得杂乱无章,如何恢复到原来的默认界面?

解答

① 选择"窗口"→"重置窗口布局"菜单命令。

② 选择"工具"→"导入和导出设置"菜单命令。在弹出的向导对话框中,选择"重置所有设置"选项,单击 [下一步(N)>] 按钮,出现"保存当前设置"页面,选择"否,仅重置设置,从而覆盖我的当前设置"选项,单击 [下一步(N)>] 按钮,出现"选择一个默认设置集合"页面,选中 [Visual C++ 开发设置] ,单击 [完成(F)] 按钮,重置完成后,单击 [关闭] 按钮,退出向导对话框。

(2)程序编译后,就一直停留在编译状态,是死机了吗?

解答

① 一般情况下,出现这种问题只要按一两次 Ctrl+Break 快捷键后均可中断当前编译。

② 若还无法中断,则可按 Ctrl+Alt+Delete 快捷键,选择"弹出任务管理器",出现"Windows 任务管理器"窗口,切换到"进程"页面,找到并选中 devenv.exe 项,然后单击 [结束进程(E)] 按钮,强制终止。不用担心开发环境的程序代码会丢失,因为在编译前系统已将所有打开的文件保存。

(3)程序编译后,出现的语法错误太多,怎么办?

解答

① 首先要养成三个习惯:一要养成用空行、空格、缩进和注释等来提高代码的可读性;二要养成标识符等的命令规则,许多程序员采用"匈牙利标记法",即在每个变量名前面加上表示数据类型的小写字符,变量名中每个单词的首字母均大写,例如,用 nWidth 或 iWidth 表示整型(int)变量;三要理解程序思想,尤其是程序中的关键词以及预定义标识,它们都有自身的含义,不能拼写错(从这一点来看,需要有一定的英文基础)。

② 常见的语法错误除前面介绍的外,还有一些。例如,双(单)引号、方括号、圆括号等都是成对出现的。程序中除字符串、注释之外,其余的都应是可见的 ASCII 字符。

③ 有的初学者常常会从网站上直接复制一些程序到源程序文档窗口中来，一旦编译就会出现多个错误。这多数与双字节的中文编码以及看不见的字符有关，因此在复制时一定要先复制到记事本中，然后再从记事中复制到文档窗口中来。

思考与练习

（1）Visual Studio 2010 中的窗口可分为几类？窗口有哪些常用操作？
（2）当有多个 C++ 程序需要编译并运行时，最好的方法是什么？

EXPERIMENT 实验 1

C++ 程序基础

C++ 是在 C 语言基础上研制出来的一种通用的程序设计语言,它是在 1980 年由贝尔实验室的 Bjarne Stroustrup 创建的。研制 C++ 的一个重要目标是使 C++ 首先是一个更好的 C,所以 C++ 根除了 C 中存在的问题。C++ 的另一个重要目标就是面向对象的程序设计,因此在 C++ 中引入了类的机制。最初的 C++ 被称为"带类的 C",1983 年正式命名为 C++(C Plus Plus)。以后经过不断完善,形成了目前的 C++。C++ 的第一个国际标准是在 1998 年获批的,称为 ISO/IEC 14882:1998,又称为 C++ 98、标准 C++ 或 ANSI/ISO C++。2003 年,发布了 C++ 标准第二版(ISO/IEC 14882:2003);之后,2011 年、2014 年、2017 年相继发布了 C++ 标准的新版本。不过,这里仍以 ANSI/ISO C++ 内容为基础。

面向对象的程序设计有三个主要特征。一是封装,就是将数据和代码捆绑到一起,避免了外界的干扰和不确定性。在 C++ 中,封装是通过类来实现的。二是继承,即让某个类型的对象获得另一个类型的对象的特性。在 C++ 面向对象程序设计中,继承是指一个子类继承父类(或称为基类)的特征。通过继承可以实现代码的重用:从已存在的类派生出的一个新类将自动具有原来那个类的特性,同时,它还可以拥有自己的新特性。三是多态,即对于相同的消息,不同的对象具有不同的反应的能力。多态机制使具有不同内部结构的对象可以共享相同的外部接口,通过这种方式减少代码的复杂度。在 C++ 中,多态是通过函数重载、运算符重载以及虚函数等方式来实现的。

总之,面向对象的程序设计是将问题抽象成许多类,将数据与对数据的操作封装在一起,各个类之间可以存在着继承关系,对象是类的实例,程序是对象的容器。因此,在 C++ 面向对象程序设计中,首先设计类,定义类的属性和可执行的操作(方法),然后设计使用这些类的对象的程序。

本实验(实训)用来完成一个简单的人员信息管理系统 Ex_Info,使用动态数组作为其数据存取模型,其功能主要有列表、添加、删除和查找,涉及人员基类 CPerson(数据成员有姓名、ID、性别等)、学生派生类 CStudent(增加三门成绩和平均成绩)和教师派生类 CTeacher(增加工作量和科研分),同时还有输入输出虚函数等。最后,以此为例说明 Visual C++ 简单调试的过程和方法。

实验目的

- 熟悉 C++ 程序设计的基本框架。
- 掌握类和对象的使用方法。

- 掌握基本输入输出方法。
- 熟悉运算符重载、虚函数等的多态方法。
- 掌握 C++ 面向对象的设计方法。
- 学会使用动态数组作为数据存取模型。
- 熟悉常见问题的处理方法和技巧。

实验内容

- 类的设计。
- 虚函数。
- 数据模型和操作。

实验准备和说明

- 具备知识：C++ 基础(教程附录 C)。
- 准备上机所需要的程序 Ex_Info。
- 创建本实验(实训)的工作文件夹"D:\Visual C++ 程序\LiMing\1"。

1.1 类的设计

类与类的关系通常有以下三种。

一是继承，用来表示类与类之间的纵向(父与子)的层次关系。在 C++ 中,这种继承关系是通过派生类的定义来实现的。

二是组合，用来反映类与类之间的连接关系,通常反映的是整体与个体之间的关系。例如,汽车类与发动机类、轮胎类之间的关系就是整体与个体的关系。在 C++ 中,通过在整体类中定义个体类对象来构建这种组合关系。

三是共享，用来反映类与类之间的横向关系。在 C++ 中,共享关系是通过静态成员和友元来实现的。

本实验(实训)采用继承关系构建人员基类 CPerson(数据成员有姓名、ID、性别等),并从 CPerson 类派生出学生类 CStudent(增加三门成绩和平均成绩)和教师类 CTeacher(增加工作量和科研分),具体实验(实训)过程如下。

(1) 设计基类 CPerson。
(2) 派生 CStudent 类和 CTeacher 类。

1.1.1 设计基类 CPerson

具体步骤如下。

(1) 启动 Microsoft Visual Studio 2010。

(2) 选择"文件"→"新建"→"项目"菜单命令或按快捷键 Ctrl+Shift+N 或单击顶层菜单下的标准工具栏中的 按钮,弹出"新建项目"对话框。在"已安装的模板"栏下选中 Visual C++ 下的"Win32"结点,在中间的模板栏中选中 Win32 控制台应用程序 。

(3) 单击"位置"编辑框右侧的"浏览"按钮 浏览(B)... ,从弹出的"项目位置"对话框指定项

目所在的文件夹 ▶ 计算机 ▶ 本地磁盘(D:) ▶ Visual C++程序 ▶ LiMing ▶ 1，单击 选择文件夹 按钮，回到"新建项目"对话框中。

（4）在"新建项目"对话框的"名称"编辑框中输入名称"Ex_Info"（双引号不输入）。同时，要去除"为解决方案创建目录"选项（否则文件夹的层次比较多）。

（5）单击 确定 按钮，弹出"Win32 应用程序向导"对话框，单击 下一步> 按钮，进入"应用程序设置"页面，选中"附加选项"的"空项目"，单击 完成 按钮，系统开始创建 Ex_Info 空项目。

（6）选择"项目"→"添加新项"菜单命令或按快捷键 Ctrl+Shift+A 或单击标准工具栏中的 按钮，弹出"添加新项"对话框，在"已安装的模板"栏下选中 Visual C++ 下的"代码"结点，在中间模板栏中选中 头文件(h)；在"名称"栏中输入文件名"Ex_Info"（扩展名.h 可省略）。

（7）单击 添加(A) 按钮，在打开的文档窗口中输入下列 C++ 代码。

```cpp
#include<cstring>                  //等同于原头文件 string.h
#include<iomanip>
#include<iostream>
using namespace std;
class CPerson
{
public:                            //构造函数
    CPerson()                      //显式默认构造函数
    {
        strName    = NULL;
        strID      = NULL;
        bMale      = true;
    }
    CPerson(char * name, char * id, bool male)
    {
        SetPerson(name, id, male);
    }
public:                            //析构函数
    ~CPerson()
    {
        if(strName)  delete []strName;
        strName    = NULL;
        if(strID)    delete []strID;
        strID      = NULL;
        bMale      = false;
    }
public:                            //属性
    void SetPerson(char * name, char * id, bool male)
    {
        if(name)
        {
```

```cpp
        strName     = (char*)new char[strlen(name)+1];
        strcpy(strName, name);
    }
    else
        strName     = NULL;
    if(id)
    {
        strID       = (char*)new char[strlen(id)+1];
        strcpy(strID, id);
    }
    else
        strID       = NULL;
    bMale           = male;
}
char* GetPersonName(void)
{
    return strName;
}
char* GetPersonID(void)
{
    return strID;
}
bool GetPersonMale(void)
{
    return bMale;
}
private:
    char*       strName;        //姓名
    char*       strID;          //学号
    bool        bMale;          //是否是男性
};
```

（8）再次选择"项目"→"添加新项"菜单命令或按快捷键 Ctrl+Shift+A 或单击标准工具栏中的 按钮，弹出"添加新项"对话框，在"已安装的模板"栏下选中 Visual C++ 下的"代码"结点，在中间模板栏中选中 C++文件(.cpp)；在"名称"栏中输入文件名"Ex_Info"（扩展名.cpp 可省略）。

（9）单击 添加(A) 按钮，在打开的文档窗口中输入下列 C++ 代码。

```cpp
#include "Ex_Info.h"            //注意这里的包含文件名
#include<cstring>
#include<iomanip>
#include<iostream>
using namespace std;
```

```cpp
int main()
{
    CPerson one;
    one.SetPerson("Ding", "20150601", true);
    char strMale[20];
    if(one.GetPersonMale()) strcpy(strMale, "男");
    else strcpy(strMale, "女");
    //输出标题
    cout<<setw(12)<<"姓名"<<setw(20)<<"ID号"<<setw(12)<<"性别"<<endl;
    //输出数据
    cout<<setw(12)<<one.GetPersonName()
        <<setw(20)<<one.GetPersonID()
        <<setw(12)<<strMale<<endl;
    return 0;
}
```

代码中,setw()是 C++ 输出流的格式算子,用来指定下一个输出宽度(字符数)。使用时,需要包含头文件 iomanip。

(10) 编译并运行,结果如图 1.1 所示。

图 1.1　Ex_Info 第 1 次运行结果

1.1.2　派生 CStudent 类和 CTeacher 类

具体步骤如下。

(1) 将文档窗口切换到 Ex_Info.h 页面,在文件的最后添加下列代码。

```cpp
#include<cstring>            //等同于原头文件 string.h
#include<iomanip>
#include<iostream>
using namespace std;
class CPerson
{...
};
class CStudent : public CPerson
{
public:                      //构造函数
```

```cpp
    CStudent()                       //显式默认构造函数
    {
        fScore[0]    = fScore[1]= fScore[2]= 0.0f;
        fAverage     = 0.0f;
    }
    CStudent(char * name, char * id, bool male, float f1, float f2, float f3)
        : CPerson(name, id, male)
    {
        SetStudent(f1, f2, f3);
    }
public:                              //属性
    void SetStudent(float f1, float f2, float f3)
    {
        fScore[0]    = f1;
        fScore[1]    = f2;
        fScore[2]    = f3;
        fAverage     = (f1+f2+f3)/3.0f;
    }
    float GetStudentScore(int i)
    {
        if((i>=0) && (i<3))
            return fScore[i];
        return -0.1f;
    }
    float GetStudentAveScore(void)
    {
        return fAverage;
    }
private:
    float    fScore[3];              //三门课成绩
    float    fAverage;               //平均成绩
};
class CTeacher : public CPerson
{
public:                              //构造函数
    CTeacher()                       //显式默认构造函数
    {
        fWorkHours    =0.0f;
        fSciScore     =0.0f;
    }
    CTeacher(char * name, char * id, bool male, float fw, float fs)
        : CPerson(name, id, male)
    {
        SetTeacher(fw, fs);
```

```cpp
    }
public:                              //属性
    void SetTeacher(float fw, float fs )
    {
        fWorkHours      = fw;
        fSciScore       = fs;
    }
    float GetWorkHours(void)
    {
        return fWorkHours;
    }
    float GetSciScore(void)
    {
        return fSciScore;
    }
private:
    float   fWorkHours;              //工作量
    float   fSciScore;               //科研分
};
```

（2）编译并运行。

1.2 虚 函 数

若在基类中用关键字 virtual 来修饰某个 public 或 protected 的成员函数，那么这个成员函数就是一个虚函数。当在派生类中对该虚函数进行重新定义后，就可在此类层次中具有该成员函数的不同版本。在程序执行过程中，依据基类对象指针所指向的派生类对象，或通过基类引用对象所引用的派生类对象，就能确定哪一个版本被激活，从而实现动态联编（C++ 运行时的多态）。

在基类 CPerson 和派生类 CStudent、CTeacher 类中，它们都需要输入和输出相关数据的操作。若将这些操作定义成虚函数，则可实现基于基类的统一操作（后面还将说明）。

具体实验（实训）过程如下。

（1）设计输入虚函数 Input()。

（2）设计输出虚函数 Output()。

1.2.1 设计输入虚函数 Input()

具体步骤如下。

（1）在 Ex_Info.h 文件中，为 CPerson 类添加下列代码。

```cpp
...
class CPerson
{
```

```
public:
    virtual void Input(void)
    {
        char name[40], id[40], male;
        bool isMale;
        cout<<"        姓名: ";           cin>>name;
        cout<<"        ID 号: ";          cin>>id;
        cout<<"性别(1-男,0-女): ";        cin>>male;
        if(male == '1')     isMale = true;
        else                isMale = false;
        SetPerson(name, id, isMale);
    }
public:          //构造函数
...
};
```

(2) 在 CStudent 类中添加下列代码。

```
...
class CStudent: public CPerson
{
public:
    void Input(void)
    {
        cout<<endl<<"========学生信息输入 ========\n";
        CPerson::Input();      //调用基类的虚函数
        float   f1, f2, f3;
        cout<<"      成绩 1: ";        cin>>f1;
        cout<<"      成绩 2: ";        cin>>f2;
        cout<<"      成绩 3: ";        cin>>f3;
        SetStudent(f1, f2, f3);
    }
public:          //构造函数
...
};
```

(3) 在 CTeacher 类中添加下列代码。

```
...
class CTeacher : public CPerson
{
public:
    void Input(void)
    {
```

```
            cout<<endl<<"======== 教师信息输入 ========\n";
            CPerson::Input();      //调用基类的虚函数
            float    fw, fs;
            cout<<"        工作量: ";          cin>>fw;
            cout<<"        科研分: ";          cin>>fs;
            SetTeacher(fw, fs);
        }
    public:            //构造函数
        ...
    };
```

（4）将文档窗口切换到 Ex_Info.cpp 页面，定位到 main() 函数，将测试代码修改为：

```
...
int main()
{
    CStudent one1;
    CTeacher one2;
    CPerson* p = &one1;
    p->Input();
    p = &one2;
    p->Input();
    return 0;
}
```

（5）编译并运行，如图 1.2 所示。

图 1.2　Ex_Info 第 2 次运行结果

1.2.2　设计输出虚函数 Output()

具体步骤如下。

（1）将文档窗口切换到 Ex_Info.h 页面，在 CPerson 类中添加下列代码。

```
...
class CPerson
{
public:
    //bHeader-是否是标题头,bLineEnd-是否换行
    virtual void Output(bool bHeader, bool bLineEnd)
    {
        if(bHeader)
            cout<<setw(12)<<"姓名"<<setw(16)<<"ID号"<<setw(6)<<"性别";
        else
        {
            cout<<setw(12)<<strName<<setw(16)<<strID<<setw(6);
            if(bMale)    cout<<"男";
            else         cout<<"女";
        }
        if(bLineEnd) cout<<endl;
    }
    virtual void Input(void)
    {...
    }
...
};
```

（2）在 CStudent 类中添加下列代码。

```
...
class CStudent: public CPerson
{
public:
    //bHeader-是否是标题头,bLineEnd-是否换行
    void Output(bool bHeader, bool bLineEnd)
    {
        CPerson::Output(bHeader, false);
        if(bHeader)
            cout<<setw(10)<<"成绩1"<<setw(10)<<"成绩2"
                <<setw(10)<<"成绩3"<<setw(10)<<"平均";
        else
            cout<<setw(10)<<fScore[0]<<setw(10)<<fScore[1]
                <<setw(10)<<fScore[2]<<setw(10)<<fAverage;
        if(bLineEnd) cout<<endl;
    }
    virtual void Input(void)
    {...
    }
```

```
    ...
};
```

(3) 在 CTeacher 类中添加下列代码。

```
...
class CTeacher : public CPerson
{
public:
    //bHeader-是否是标题头,bLineEnd-是否换行
    void Output(bool bHeader, bool bLineEnd)
    {
        CPerson::Output(bHeader, false);
        if(bHeader)
            cout<<setw(10)<<"工作量"<<setw(10)<<"科研分";
        else
            cout<<setw(10)<<fWorkHours<<setw(10)<<fSciScore;
        if(bLineEnd) cout<<endl;
    }
    void Input(void)
    {...
    }
...
};
```

(4) 将文档窗口切换到 Ex_Info.cpp() 页面,定位到 main() 函数,将测试代码修改为:

```
...
int main()
{
    CStudent one1;
    CTeacher one2;
    CPerson* p = &one1;
    p->Input();
    p->Output(true, true);
    p->Output(false, true);
    p = &one2;
    p->Input();
    p->Output(true, true);
    p->Output(false, true);
    return 0;
}
```

(5) 编译并运行,如图 1.3 所示。

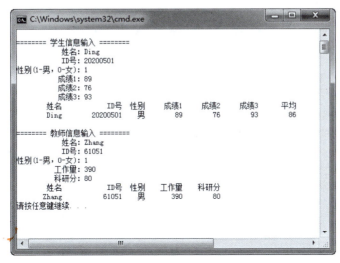

图 1.3　Ex_Info 第 3 次运行结果

1.3　数据模型和操作

用于数据存取操作的模型(容器)常见的有数组、堆栈、队列和链表等结构。这里用动态数组作为对象指针的存取模型,常用的操作包括列表(List())、添加(Add())、删(移)除(RemoveAt())和查找(Find()),封装的类为 COArray。

具体实验(实训)过程如下。

(1) 动态数组。
(2) 添加、删除和查找。
(3) 较完整的人员信息管理。

1.3.1　动态数组

在大小未知的情况下,用 new 开辟的动态数组大小一般需要预定一个初值,当空间不足时还需要扩充数组大小,通常采用倍增方法来扩充。这里用 COArray 类来封装动态数组的操作,具体步骤如下。

(1) 将文档窗口切换到 Ex_Info.h 页面,在文件的最后添加下列 COArray 类代码。

```
...
typedef    CPerson *    PPerson;
class COArray
{
public:
    COArray(int nSize = 2)
    {
```

```
            nBufSize    = nSize;
            theBuffer   = (PPerson*)new PPerson[nBufSize];
            nCurIndex   = -1;
        }
        ~COArray()
        {
            while(nCurIndex >= 0)    {
                delete theBuffer[nCurIndex];
                nCurIndex--;
            }
            if(theBuffer)    {
                delete []theBuffer;
                theBuffer  = NULL;
            }
        }
    private:
        void ExpandSize(void)
        {
            PPerson* temp  = theBuffer;
            nBufSize       = nBufSize * 2;
            theBuffer      = (PPerson*)new PPerson[nBufSize];
            for(int i = 0; i < nCurIndex; i++)    theBuffer[i] =temp[i];
            delete []temp;
        }
    private:
        PPerson*         theBuffer;      //使用指针动态数组
        int              nBufSize;       //空间大小
        int              nCurIndex;      //当前索引号
    };
```

代码中，typedef 为 CPerson 指针类型指定一个新类型名 PPerson，这样一来，theBuffer 就是 CPerson 指针的指针（二级指针），它所指向的是用 new 开辟的 CPerson 指针数组，其初始大小为 2（构造函数默认的形参值为 2）。当数组需要扩充时，ExpandSize() 就会按一倍大小重新开辟一个新数组，此时就要恢复原有元素指针的指向，同时还要删除原有数组。

（2）编译。

1.3.2 添加、删除和查找

具体步骤如下。

（1）在 COArray 类中添加下列代码。

```
    ...
    typedef      CPerson*        PPerson;
    class COArray
```

```cpp
{
public:                              //操作
    //列表显示指定索引号的元素,当index=-1时为全部元素
    void List(int index)
    {
        if(nCurIndex < 0) {
            cout<<"数据库为空!"<<endl;
            return;
        }
        if(index < 0){
            for(int i = 0; i <= nCurIndex; i++)
            {
                PPerson one=theBuffer[i];
                one->Output(false, true);
            }
        }
        else if(index <= nCurIndex)
        {
            PPerson one=theBuffer[index];
            one->Output(true, true);
            one->Output(false, true);
        }
    }
    //添加元素
    void Add(PPerson one)
    {
        if(one == NULL) return;
        one->Input();
        nCurIndex++;
        if(nCurIndex >= nBufSize) ExpandSize();      //倍增空间
        theBuffer[nCurIndex] = one;
    }
    //删除指定索引号的元素,删除后要释放该元素的内存单元
    void RemoveAt(int index)
    {
        if((index >= 0) && (index <= nCurIndex))
        {
            PPerson    curOne    = theBuffer[index];
            //index后面的指针的指向值前移覆盖
            for(int i = index; i < nCurIndex; i++)
                theBuffer[i] = theBuffer[i+1];
            if(curOne)
                delete curOne;
            nCurIndex--;                                 //不要忘记
```

```cpp
        }
    }
    //按姓名查找,找到后返回它在 theBuffer 的索引号,否则返回-1
    int FindByName(char * name)
    {
        if(nCurIndex < 0) {
            cout<<"数据库为空!"<<endl;
            return -1;
        }
        if(name == NULL) {
            cout<<"姓名不能为空!"<<endl;
            return -1;
        }
        int    nLength      = strlen(name);
        for(int i = 0; i <= nCurIndex; i++)
        {
            PPerson    curOne    =theBuffer[i];
            if(0 == strncmp(curOne->GetPersonName(), name, nLength))
                return i;
        }
        return -1;
    }
    //按 ID 查找,找到后返回它在 theBuffer 的索引号,否则返回-1
    int FindByID(char * id)
    {
        if(nCurIndex < 0) {
            cout<<"数据库为空!"<<endl;
            return -1;
        }
        if(id == NULL)    {
            cout<<"ID 号不能为空!"<<endl;
            return -1;
        }
        int    nLength      = strlen(id);
        for(int i = 0; i <= nCurIndex; i++)
        {
            PPerson    curOne    =theBuffer[i];
            if(0 == strncmp(curOne->GetPersonID(), id, nLength))
                return i;
        }
        return -1;
    }
public:
    ...
};
```

（2）编译。

1.3.3　较完整的人员信息管理

较完整的人员信息管理系统应具有列表、添加、删除和查找等功能，好在 COArray 类已基本实现，因而只要构建一个循环，通过用户选择其中的选项便可形成一个简单的系统。

具体步骤如下。

（1）将文档窗口切换到 Ex_Info.cpp 页面，将代码修改如下。

```
...
using namespace std;
#include<conio.h>
COArray    theOP;
void DoSeekName(void)
{
    char    strName[80];
    cout<<endl<<">>请输入要查找的姓名: ";        cin>>strName;
    int nIndex = theOP.FindByName(strName);
    if(nIndex >= 0)        theOP.List(nIndex);
    else                cout<<"没有匹配!"<<endl;
}
void DoSeekID(void)
{
    char    strID[80];
    cout<<endl<<">>请输入要查找的 ID 号: ";        cin>>strID;
    int nIndex = theOP.FindByID(strID);
    if(nIndex >= 0)        theOP.List(nIndex);
    else                cout<<"没有匹配!"<<endl;
}
int main()
{
    int    nOpNum;
    for(;;)
    {
        cout<<endl;
        cout<<"--------------------------------"<<endl;
        cout<<"       人员信息管理系统 ver 1.0"<<ondl;
        cout<<"--------------------------------"<<endl;
        cout<<" 1 --添加一个学生信息"<<endl;
        cout<<" 2 --添加一个教师信息"<<endl;
        cout<<" 3 --按姓名查找人员信息"<<endl;
        cout<<" 4 --按 ID 号查找人员信息"<<endl;
        cout<<" 7 --列表显示所有人员信息"<<endl;
        cout<<" 9 --退出系统"<<endl;
        cout<<"--------------------------------"<<endl;
```

```
            cout<<"请选择<1-9>: ";
            cin>>nOpNum;
            switch(nOpNum)
            {
            case    1:    theOP.Add(new CStudent);         break;
            case    2:    theOP.Add(new CTeacher);         break;
            case    3:    DoSeekName();                    break;
            case    4:    DoSeekID();                      break;
            case    7:    theOP.List(-1);                  break;
            }
            if(9 == nOpNum)    break;
            cout<<"按任意键继续...";
            _getch();
        }
        return 0;
    }
```

（2）编译并运行，结果如图 1.4 所示。

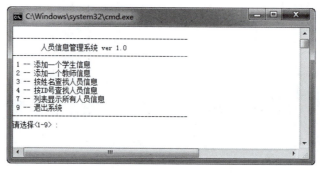

图 1.4　Ex_Info 第 4 次运行结果

（3）测试：添加两个学生信息和两个教师信息，然后列表、查找，看看结果如何？

1.4　常见问题处理

（1）编译时为什么会出现这样的警告？

warning C4996：'strcpy'：This function or variable may be unsafe. Consider using strcpy_s instead. To disable deprecation, use _CRT_SECURE_NO_WARNINGS. See online help for details.

解答

这是由于 C++ 对早期的通用字符串处理函数进行的更新，若想不出现这种警告，可选择"项目"→"xxx 属性"菜单命令或按快捷键 Alt＋F7，在弹出的"xxx 属性页"对话框中，展开并选中"配置属性"→C/C++→"预处理器"结点，在右侧"预处理器定义"属性值中，增加_CRT_SECURE_NO_DEPRECATE 宏标记即可。

(2) delete 和 delete[]有什么区别？

解答

基本类型的对象没有析构函数，所以回收基本类型组成的数组空间用 delete 和 delete[]都是应该可以的；但是对于类对象数组，只能用 delete[]。对于 new 的单个对象，只能用 delete，不能用 delete[]回收空间。所以，一个简单的使用原则就是：new 和 delete、new[]和 delete[]对应使用。

(3) ANSI/ISO C++ 的#include 文件名格式有哪些变化？

解答

在 ANSI/ISO C++ 中，#include 后面的文件名不再有.h 扩展名，取而代之的是直接使用文件名，如以前的程序中 iostream 是 C++ 头文件的文件名。需要说明的是，为了能在 C++ 中使用 C 语言中的库函数，又能使用 C++ 新的头文件包含格式，ANSI/ISO 将有些 C 语言的头文件去掉.h，并在头文件前面加上"c"变成 C++ 的头文件，如表 1.1 所示，实际上它们的内容是基本相同的。

表 1.1 保留 C 语言库函数的常用 ANSI/ISO C++ 头文件

C++ 头文件	C 头文件	作　　用	函 数 举 例
cctype	ctype.h	标准 C 的字符类型处理	如：int isdigit(int)；判断 c 是否是数字字符
cmath	math.h	标准 C 的数值计算	如：float fabs(float)；求浮点数 x 的绝对值
cstdio	stdio.h	标准 C 的输入/输出	如：输出 printf，输入 scanf
cstdlib	stdlib.h	标准 C 的通用函数	如：void exit(int)；退出程序
cstring	string.h	标准 C 的字符串处理	如：strcpy 用来复制字符串
ctime	time.h	标准 C 的时间处理	如：time 用来获取当前系统时间

思考与练习

(1) 在 Ex_Info 中，为什么用对象指针数组(二级指针)作为数据存取模型，这样的好处是什么？若采用对象数组，则应如何实现？试比较它们的区别。

(2) 在 Ex_Info 中，若需添加人员信息的删除和排序(如按姓名)操作，则应如何实现？

(3) 在 Ex_Info 中，若各人员信息数据还可以用文件来存储，且信息可通过文件来调入，则应如何实现？

EXPERIMENT 实验 2
Windows 编程基础

程序的设计首先需要考虑它所基于的平台。基于早期的 DOS 环境或由 Windows 提供的控制台，则其输入和输出都是字符流，即在字符模式下运行。在这样的环境下，可以不需要太多涉及 Visual C++ 的细节而专心于 C++ 程序设计的本身。而基于 Windows 环境，由于其操作的是图形界面，因而在 Windows 环境下编程与 DOS 环境下的 C/C++ 是有着本质区别的。

基于 Windows 的编程方式有两种。一种是使用 Windows API（Application Programming Interface，应用程序编程接口）函数，通常用 C/C++ 语言按相应的程序框架进行编程。这些程序框架往往还就程序应用的不同提供了相应的文档、范例和工具的"工具包"（Software Development Kit，SDK），所以这种编程方式有时又称为 SDK 方式。另一种就是使用"封装"方式，例如 Visual C++ 的 MFC 方式，它是将 SDK 中的绝大多数函数、数据等按 C++ "类"的形式进行封装，并提供相应应用程序框架和编程操作。

事实上，由于基于 Windows 编程涉及许多诸如窗口、资源、事件、DLL（动态链接库）等元素，因此在熟悉一般程序框架后，更应注重这些元素是如何"融入"到框架中的。

本实验（实训）用同一个需求"输入一个半径，计算并输出圆的面积"，分别用"SDK 编程""MFC 框架"和"MFC 向导"这 3 种不同的 Windows 方法来实现，其创建的项目名分别为 Ex_SDK、Ex_MFC 和 Ex_DLG。

实验目的

- 了解 Windows SDK 和 MFC 的程序框架。
- 熟悉基本控件的预定义注册名和 MFC 类。
- 熟悉窗口常见的消息。
- 学会不同方式手动添加消息映射。
- 熟悉常见问题的处理方法和技巧。

实验内容

- SDK 编程。
- MFC 编程。
- MFC 向导。

实验准备和说明

- 具备知识：Windows 编程基础（教程第 1 章）、对话框（教程第 2 章）。
- 准备上机所需要的程序 Ex_SDK、Ex_MFC 和 Ex_DLG。
- 创建本实验（实训）的工作文件夹"D:\Visual C++ 程序\LiMing\2"。

2.1 SDK 编程

这里用 SDK 方式来编写一个 Windows 应用程序 Ex_SDK：该程序的窗口客户区中含有一个"输入半径"静态文本（用于提示）、编辑框（用于输入）和一个"圆面积"按钮，单击"圆面积"按钮，则根据编辑框中输入的数据，计算并在另一个静态文本控件中输出圆的面积，如图 2.1 所示。

图 2.1 Ex_SDK 运行结果

具体实验（实训）过程如下。
（1）基于 SDK 的 Win32 程序框架。
（2）创建控件并显示标题。
（3）获取并输出计算结果。

2.1.1 基于 SDK 的 Win32 程序框架

具体步骤如下。
（1）启动 Microsoft Visual Studio 2010。
（2）选择"文件"→"新建"→"项目"菜单命令或按快捷键 Ctrl+Shift+N 或单击顶层菜单下的标准工具栏中的 按钮，弹出"新建项目"对话框。在"已安装的模板"栏下选中 Visual C++ 下的 Win32 结点，在中间的模板栏中选中 Win32 项目。
（3）单击"位置"编辑框右侧的"浏览"按钮 浏览(B)... ，从弹出的"项目位置"对话框中指定项目所在的文件夹 计算机 ▶ 本地磁盘 (D:) ▶ Visual C++程序 ▶ LiMing ▶ 2 ，单击 选择文件夹 按钮，回到"新建项目"对话框中。
（4）在"新建项目"对话框的"名称"编辑框中输入名称"Ex_SDK"（双引号不输入）。同时,要取消勾选"为解决方案创建目录"复选框。

(5) 单击 [确定] 按钮,弹出"Win32 应用程序向导"对话框,单击 [下一步>] 按钮,进入"应用程序设置"页面,选中"附加选项"的"空项目",单击 [完成] 按钮,系统开始创建 Ex_SDK 空项目。

(6) 选择"项目"→"添加新项"菜单命令或按快捷键 Ctrl+Shift+A 或单击标准工具栏中的 [图标] 按钮,弹出"添加新项"对话框,在"已安装的模板"栏下选中 Visual C++ 下的"代码"结点,在中间模板栏中选 [C++ 文件(.cpp)];在"名称"栏中输入文件名 Ex_SDK(扩展名.cpp 可省略)。

(7) 单击 [添加(A)] 按钮,在打开的文档窗口中输入下列 C++ 代码。

```cpp
#include<windows.h>
LRESULT CALLBACK SDKWndProc(HWND, UINT, WPARAM, LPARAM);     //窗口过程
int WINAPI WinMain (HINSTANCE hInstance, HINSTANCE hPrevInstance,
            LPSTR lpCmdLine, int nCmdShow)
{
    HWND            hwnd;                   //窗口句柄
    MSG             msg;                    //消息
    WNDCLASS        wndclass;               //窗口类
    wndclass.style          = CS_HREDRAW | CS_VREDRAW;
    wndclass.lpfnWndProc    = SDKWndProc;
    wndclass.cbClsExtra     = 0;
    wndclass.cbWndExtra     = 0;
    wndclass.hInstance      = hInstance;
    wndclass.hIcon          = LoadIcon (NULL, IDI_APPLICATION);
    wndclass.hCursor        = LoadCursor(NULL, IDC_ARROW);
    wndclass.hbrBackground  = (HBRUSH) GetStockObject (WHITE_BRUSH);
    wndclass.lpszMenuName   = NULL;
    wndclass.lpszClassName  = "SDKWin";     //窗口类名
    if(!RegisterClass (&wndclass))          //注册窗口
    {
        MessageBox (NULL, "窗口注册失败!", "HelloWin", 0);
        return 0;
    }
    //创建窗口
    hwnd = CreateWindow ("SDKWin",          //窗口类名
                "实验 2 Windows 编程基础",  //窗口标题
                WS_OVERLAPPEDWINDOW,        //窗口样式
                CW_USEDEFAULT,              //窗口最初的 x 位置
                CW_USEDEFAULT,              //窗口最初的 y 位置
                400,                        //窗口最初的 x 大小
                320,                        //窗口最初的 y 大小
                NULL,                       //父窗口句柄
                NULL,                       //窗口菜单句柄
                hInstance,                  //应用程序实例句柄
                NULL);                      //创建窗口的参数
```

```
        ShowWindow (hwnd, nCmdShow);            //显示窗口
        UpdateWindow (hwnd);                    //更新窗口,包括窗口的客户区
        while(GetMessage(&msg, NULL, 0, 0))
        {
                TranslateMessage(&msg);          //转换某些键盘消息
                DispatchMessage(&msg);           //将消息发送给窗口过程
        }
        return msg.wParam;
}
LRESULT CALLBACK SDKWndProc(HWND hwnd, UINT message,
                            WPARAM wParam, LPARAM lParam)
{
        switch (message)
        {
        case WM_DESTROY:                         //当窗口关闭时产生的消息
                PostQuitMessage(0);
                return 0;
        }
        return DefWindowProc (hwnd, message, wParam, lParam);
        //执行默认消息处理
}
```

(8) 选择"项目"→"Ex_SDK 属性"菜单命令或按快捷键 Alt+F7,在弹出的"Ex_SDK 属性页"对话框中,展开并选中"配置属性"→"常规"结点,在右侧"字符集"属性值中,单击下拉按钮,从弹出的下拉项中选中"使用多字节字符集",如图 2.2 所示。单击 确定 按钮。

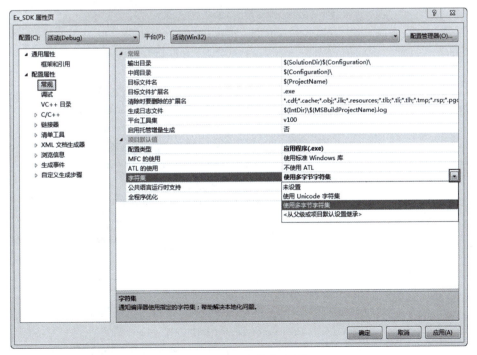

图 2.2　配置"字符集"属性

(9) 编译并运行。结果显示出一个大小为 400×320px 的窗口，标题为"实验 2 Windows 编程基础"。

2.1.2 创建控件并显示标题

基于 SDK 的 Win32 程序框架一般总是由两个基本函数组成。一个是入口函数 WinMain()，它包含整个框架的运行代码；另一个是用户定义的窗口过程函数 SDKWndProc()（名称可在程序中自己定义），用来接收和处理各种不同的消息。

在主窗口中，控件创建的代码既可以写在主窗口 CreateWindow() 函数调用之后，也可写在 SDKWndPro 消息处理函数中。当主窗口创建之时就会使应用程序发出 WM_CREATE 消息，通过跟踪该消息，添加相关的创建代码。

具体步骤如下。

（1）在窗口过程函数 SDKWndProc() 中添加下列代码。

```
LRESULT CALLBACK SDKWndProc (HWND hwnd, UINT message,
                            WPARAM wParam, LPARAM lParam)
{
    static    WND    hwndHint, hwndRes, hwndEdit, hwndBtn;
    HFONT            hFont;
    switch (message)
    {
    case WM_CREATE: hFont = (HFONT)GetStockObject (DEFAULT_GUI_FONT);
            hwndHint    = CreateWindow("STATIC", "输入半径：",
                WS_CHILD | WS_VISIBLE | SS_SIMPLE,
                20, 20, 100, 20, hwnd, NULL, NULL, NULL);
            hwndEdit    = CreateWindow("EDIT", NULL,
                WS_CHILD | WS_VISIBLE | WS_BORDER,
                20, 40, 100, 20, hwnd, NULL, NULL, NULL);
            hwndBtn     = CreateWindow("BUTTON", "圆面积",
                WS_CHILD | WS_VISIBLE | BS_PUSHBUTTON,
                140, 38, 80, 24, hwnd, NULL, NULL, NULL);
            hwndRes     = CreateWindow("STATIC", NULL,
                WS_CHILD | WS_VISIBLE | SS_SIMPLE,
                20, 70, 180, 20, hwnd, NULL, NULL, NULL);
            SendMessage(hwndHint,WM_SETFONT,
                                (WPARAM)hFont,(LPARAM)TRUE);
            SendMessage(hwndEdit,WM_SETFONT,
                                (WPARAM)hFont,(LPARAM)TRUE);
            SendMessage(hwndBtn,WM_SETFONT,
                                (WPARAM)hFont,(LPARAM)TRUE);
            SendMessage(hwndRes,WM_SETFONT,
                                (WPARAM)hFont,(LPARAM)TRUE);
            break;
```

```
        case WM_DESTROY:       //当窗口关闭时产生的消息
                    PostQuitMessage(0);
                    return 0;
    }
    return DefWindowProc (hwnd, message, wParam, lParam);
    //执行默认的消息处理
}
```

这样就创建了两个静态控件、一个编辑框和一个按钮。需要说明以下三点。

① 将 hwndHint、hwndRes、hwndEdit 和 hwndButton 窗口句柄定义成 static 的目的是使其成为局部的全局变量,当 SDKWndProc 第一次调用创建后,就会一直有效。

② 用 CreateWindow( ) 函数创建窗口时,若指定预定义的窗口名 BUTTON、COMBOBOX、EDIT、LISTBOX、SCROLLBAR 和 STATIC(大小写都可以)等,则相应创建的就是按钮、组合框、编辑框、列表框、滚动条和静态控件等窗口。这些控件窗口由于必须是主窗口的子窗口,所以为其指定的风格中一定要有 WS_CHILD 和 WS_VISIBLE,同时指定父窗口句柄为主窗口句柄 hwnd。

③ 各控件的字体可通过 SendMessage( ) 函数并指定 WM_SETFONT 消息来更改。DEFAULT_GUI_FONT 是获取当前 Windows 系统下界面元素的默认字体。

特别地,为了能使用当前 Windows 7 系统下的最新界面风格,应在 Ex_SDK.cpp 文件首行加上下列一行代码(不能有换行符,是一行)。

```
#pragma comment(linker,"/manifestdependency:\"type='win32'
        name='Microsoft.Windows.Common-Controls'
        version='6.0.0.0' processorArchitecture='x86'
        publicKeyToken='6595b64144ccf1df' language='*'\"")
```

(2) 编译并运行,结果如图 2.3 所示。

图 2.3 创建的控件及设置的默认字体

2.1.3 获取并输出计算结果

一旦输入界面创建之后,就需要跟踪按钮的"单击"(BN_CLICKED)的命令消息,从编辑框获取用户输入的圆半径,计算面积后在另一个静态控件 hwndRes 中输出,若获取的半径无效,则弹出一个消息对话框,显示"圆半径输入无效!"。

具体步骤如下。

(1) 在窗口过程函数 SDKWndProc() 中添加下列代码。

```
...
switch (message)
{
case WM_CREATE: ...
        break;
case WM_COMMAND:     //命令消息,控件产生的通知代码在 wParam 的高字中
        if(((HWND)lParam == hwndBtn)&&(HIWORD(wParam) == BN_CLICKED))
        {
            char    strEdit[80];
            //获取编辑框控件的内容,并将其转换成 float 数值
            if(GetWindowText(hwndEdit, strEdit, 80) > 0)
            {
                float fRes = (float)atof(strEdit);
                if(fRes > 0.0f)
                {
                    sprintf(strEdit,"圆面积为: %f",3.14 * fRes * fRes);
                    SetWindowText(hwndRes, strEdit);
                } else
                    MessageBox(hwnd, "圆半径输入无效!", "注意", 0);
            } else
                MessageBox(hwnd, "请输入圆的半径!", "注意", 0);
        }
        break;
case WM_DESTROY:     //当窗口关闭时产生的消息
        PostQuitMessage(0);
        return 0;
}
```

(2) 在程序中用到了 sprintf() 函数,从而需在代码源文件的前面添加 cstdio 头文件的包含预处理指令:

```
...
#include<windows.h>
#include<cstdio>
```

(3) 编译运行,结果如前图 2.1 所示。

2.2 MFC 编程

同前面的 Ex_SDK 任务相同,这里用 MFC 来编写一个 Windows 应用程序 Ex_MFC,结果如图 2.4 所示。

图 2.4　Ex_MFC 运行结果

具体实验(实训)过程如下。
(1) MFC 程序框架。
(2) WM_CREATE 消息及其映射。
(3) 按钮消息映射。

2.2.1　MFC 程序框架

具体步骤如下。
(1) 选择"文件"→"关闭解决方案"菜单命令,关闭原来的项目。
(2) 选择"文件"→"新建"→"项目"菜单命令或按快捷键 Ctrl+Shift+N 或单击顶层菜单下的标准工具栏中的 按钮,弹出"新建项目"对话框。保留默认选项,直接在"名称"编辑框中输入名称"Ex_MFC"(双引号不输入)。
(3) 单击 确定 按钮,弹出"Win32 应用程序向导"对话框,单击 下一步> 按钮,进入"应用程序设置"页面,选中"附加选项"的"空项目",单击 完成 按钮,系统开始创建 Ex_MFC 空项目。
(4) 选择"项目"→"添加新项"菜单命令或按快捷键 Ctrl+Shift+A 或单击标准工具栏中的 按钮,弹出"添加新项"对话框,在"已安装的模板"栏下选中 Visual C++ 下的"代码"结点,在中间模板栏中选中 C++ 文件(.cpp);在"名称"栏中输入文件名"Ex_MFC"(扩展名.cpp 可省略)。
(5) 单击 添加(A) 按钮,在打开的文档窗口中输入下列 C++ 代码。

```
#pragma comment(linker,"/manifestdependency:\"...    //同前
#include<afxwin.h>                                    //MFC 头文件
class CHelloApp : public CWinApp                      //声明应用程序类
{
```

```
public:
    virtual BOOL InitInstance();
};
CHelloApp theApp;                          //建立应用程序类的实例
class CMainFrame: public CFrameWnd         //声明主窗口类
{
public:
    CMainFrame()
    {
        //创建主窗口
        Create(NULL, "实验 2 Windows 编程基础(MFC)",
            WS_OVERLAPPEDWINDOW, CRect(0,0,400,320));
    }
};
//每当应用程序首次执行时都要调用的初始化函数
BOOL CHelloApp::InitInstance()
{
    m_pMainWnd = new CMainFrame();
    m_pMainWnd->ShowWindow(m_nCmdShow);
    m_pMainWnd->UpdateWindow();
    return TRUE;
}
```

（6）选择"项目"→"Ex_MFC 属性"菜单命令或按快捷键 Alt＋F7，在弹出的"Ex_MFC 属性页"对话框中，展开并选中"配置属性"→"常规"结点，将右侧"字符集"属性值修改为"使用多字节字符集"，同时将"MFC 的使用"属性值改为"在共享 DLL 中使用 MFC"，如图 2.5 所示。单击 确定 按钮。

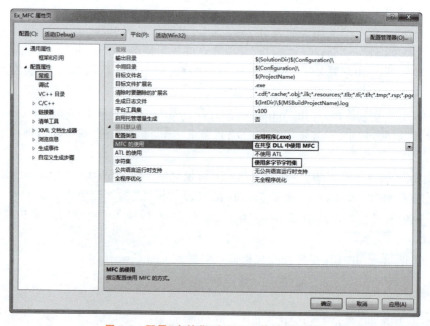

图 2.5　配置"字符集"和"MFC 的使用"属性

(7) 编译并运行。结果显示出一个大小为 400×320px 的窗口,标题为"实验 2 Windows 编程基础(MFC)"。

2.2.2 WM_CREATE 消息及其映射

MFC 封装了 Windows 应用程序所需要的各种类,其中表 2.1 列出了 MFC 封装的基本控件类。这样,控件的创建只需在主窗口类 CMainFrame 中先声明一个控件类对象,然后调用相应的成员函数 Create()即可。控件的 Create()代码应该写在何处才更适合?

表 2.1 基本控件类

控件名称	Windows 类名	MFC 类	功 能 描 述
静态控件	STATIC	CStatic	用来显示一些几乎固定不变的文字或图形
按钮	BUTTON	CButton	用来产生某些命令或改变某些选项,包括单选按钮、复选框和组框
编辑框	EDIT	CEdit	用于完成文本和数字的输入和编辑
列表框	LISTBOX	CListBox	显示一个列表,让用户从中选取一个或多个项
组合框	COMBOBOX	CComboBox	是一个列表框和编辑框组合的控件
滚动条	SCROLLBAR	CScrollBar	通过滚动块移动和滚动按钮来改变某些量

一般来说,通过窗口的 WM_CREATE 消息映射,并在映射函数中添加控件子窗口的创建代码是最好的程序方法。在 MFC 中,窗口的 WM_CREATE 消息是按独特的 MFC 消息映射机制来映射的,如下面的过程。

(1) 在 CMainFrame 类声明代码之后,添加该类的消息映射入口代码段,并在代码段中添加 WM_CREATE 消息映射宏 ON_WM_CREATE:

```
class CMainFrame: public CFrameWnd        //声明主窗口类
{...
};
//消息映射入口
BEGIN_MESSAGE_MAP(CMainFrame, CFrameWnd)
    ON_WM_CREATE()                        //WM_CREATE 消息映射宏
END_MESSAGE_MAP()
```

(2) 在 CMainFrame 类中添加 WM_CREATE 消息函数的声明,同时还应在类中添加本次任务所需的 CStatic、CEdit 和 CButton 类对象声明。

```
class CMainFrame: public CFrameWnd        //声明主窗口类
{
private:
    CStatic       m_wndHint, m_wndRes;
    CEdit         m_wndEdit;
    CButton       m_wndBtn;
```

```
public:
    CMainFrame()
    {
        //创建主窗口
        Create(NULL, "实验 2 Windows 编程基础(MFC)",
            WS_OVERLAPPEDWINDOW, CRect(0,0,400,320));
    }
protected:
    afx_msg int OnCreate(LPCREATESTRUCT);
    DECLARE_MESSAGE_MAP()
};
```

（3）在消息映射入口代码段之后，添加 OnCreate()消息函数的实现代码。

```
int CMainFrame::OnCreate(LPCREATESTRUCT lpcs)
{
    if(CFrameWnd::OnCreate(lpcs) == -1)       return -1;

    m_wndHint.Create("输入半径: ", WS_CHILD | WS_VISIBLE | SS_SIMPLE,
                CRect(20, 20, 20 + 100, 20 + 20), this, 101);
    m_wndEdit.Create(WS_CHILD | WS_VISIBLE | WS_BORDER,
                CRect(20, 40, 20 + 100, 40 + 20), this, 102);
    m_wndBtn.Create( "圆面积", WS_CHILD | WS_VISIBLE | BS_PUSHBUTTON,
                CRect(140, 40, 140 + 80, 40 + 20), this, 103);
    m_wndRes.Create("", WS_CHILD | WS_VISIBLE | SS_SIMPLE,
                CRect(20, 70, 20 + 180, 70 + 20), this, 104);

    HFONT hFont = (HFONT)GetStockObject(DEFAULT_GUI_FONT);
    CFont  font;
    font.Attach(hFont);
    m_wndHint.SetFont(&font, FALSE);
    m_wndEdit.SetFont(&font, FALSE);
    m_wndBtn.SetFont(&font, FALSE);
    m_wndRes.SetFont(&font, FALSE);
    return 0;              //创建后,一定要返回 0,表示无错误!
}
```

（4）编译运行。

2.2.3　按钮消息映射

事实上，MFC 几乎为每一个控件的通知消息都提供了相应的消息映射宏，从而大大简化了程序，其过程如下。

（1）在消息映射入口代码段中添加下列 BN_CLICKED 的消息映射宏，其中，103 是按钮在 Create()时指定的标识值。

```
//消息映射入口
BEGIN_MESSAGE_MAP(CMainFrame, CFrameWnd)
    ON_WM_CREATE()              //WM_CREATE 消息映射宏
    ON_BN_CLICKED(103, OnCalArea)
END_MESSAGE_MAP()
```

(2) 在 CMainFrame 类中添加 BN_CLICKED 消息映射函数 OnCalArea() 的声明。

```
protected:
    afx_msg int OnCreate(LPCREATESTRUCT lpcs);
    afx_msg void OnCalArea();
    DECLARE_MESSAGE_MAP()
```

(3) 在消息映射入口代码段之后,添加 OnCalArea() 消息映射函数的实现代码。

```
void CMainFrame::OnCalArea()
{
    CString strEdit;
    m_wndEdit.GetWindowText(strEdit);
    strEdit.TrimLeft();
    if(strEdit.GetLength() > 0)
    {
        float    fRes = (float)atof(strEdit);
        if(fRes > 0.0f)
        {
            strEdit.Format("圆面积为: %f",3.14 * fRes * fRes);
            m_wndRes.SetWindowText(strEdit);
        } else
            MessageBox("圆半径输入无效!","注意",0);
    } else
        MessageBox("请输入圆的半径!","注意",0);
}
```

(4) 编译运行,结果如前面图 2.4 所示。

2.3　MFC 向导

事实上,上述 MFC 程序代码可以不必从头构造,甚至不需要输入一句代码就能创建这样的 MFC 应用程序,这就是 Visual C++ 中的 MFC 项目向导的功能。对于前面 Ex_SDK、Ex_MFC 任务,可用 MFC 项目向导创建基于对话框应用程序 Ex_DLG 来实现,结果如图 2.6 所示。

具体实验(实训)过程如下。
(1) 创建对话框应用程序。
(2) 设置对话框属性。

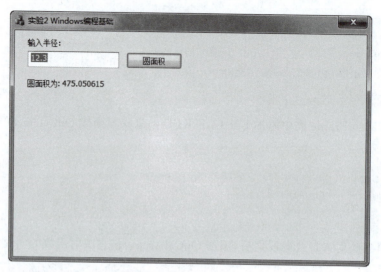

图 2.6　Ex_DLG 运行结果

（3）添加和布局控件。
（4）映射消息并完善代码。

2.3.1　创建对话框应用程序

具体步骤如下。

（1）选择"文件"→"关闭解决方案"菜单命令，关闭原来的项目。

（2）选择"文件"→"新建"→"项目"菜单命令或按快捷键 Ctrl+Shift+N 或单击顶层菜单下的标准工具栏中的 按钮，弹出"新建项目"对话框。在"已安装的模板"栏下选中"Visual C++"下的"MFC"结点，在中间的模板栏中选中 MFC 应用程序。保留其他默认选项，直接在"名称"编辑框中输入名称"Ex_DLG"。

（3）单击 确定 按钮，弹出"MFC 应用程序向导"对话框，单击 下一步> 按钮，进入"应用程序类型"页面，选中"基于对话框"类型、取消勾选"使用 Unicode 库"复选框，结果如图 2.7 所示，单击 完成 按钮，系统开始创建 Ex_MFC 空项目。

（4）单击 下一步> 按钮，进入"用户界面功能"页面，保留默认选项。
（5）单击 下一步> 按钮，进入"高级功能"页面，保留默认选项。
（6）单击 下一步> 按钮，进入"生成"页面，保留默认选项，单击 完成 按钮。
（7）双击项目工作区"解决方案资源管理器"页面中"头文件"结点下的 stdafx.h，打开该文件。将文件末尾的"#pragma comment(linker,…"这行代码复制到 #ifdef _UNICODE 这句前面。
（8）编译运行，结果如图 2.8 所示。

2.3.2　设置对话框属性

当"基于对话框"应用程序项目创建后，就会在文档窗口区自动打开相应的对话框资源模板。在模板空白处右击鼠标，从弹出的快捷菜单中选择"属性"命令，就会在开发环境右侧

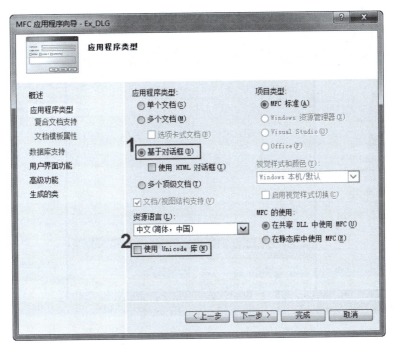

图 2.7 选择"应用程序类型"

图 2.8 Ex_DLG 第一次运行结果

出现如图 2.9 所示的对话框属性窗口。

从图 2.9 中可以看出,属性窗口中包括对话框的几类属性:外观、位置、行为、杂项和字体等。需要说明的是。

(1) 在属性窗口的右上角有一个"自动隐藏"图标 ,当单击此图标后,属性窗口隐藏,并在最右侧显示标签"属性",一旦鼠标移动到该标签时,属性窗口自动滑出,同时"自动隐藏"图标变成 。再次单击"自动隐藏"图标,则窗口又变成最初的"停靠"状态。

(2) 在属性窗口"杂项"下的 ID 属性值框中,可修改其默认标识符 IDD_EX_DLG_

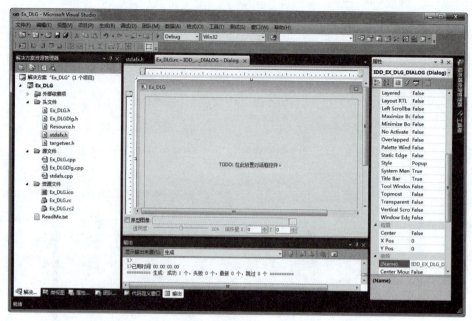

图 2.9 显示对话框资源属性窗口的开发环境

DIALOG；在"外观"下的 Caption（标题）属性值框中，可设置对话框的默认标题，这里将其改为"实验 2 Windows 编程基础"。

2.3.3 添加和布局控件

具体步骤如下。

（1）单击模板中的"TODO：在此放置对话框控件。"静态控件，按 Delete 键删除。同时，删除模板中的"确定"和"取消"按钮。

（2）单击"对话框编辑器"（布局）工具栏上的 按钮，打开对话框资源模板的网格。

（3）将鼠标移动到开发环境右侧的"工具箱"标签，使其窗口滑出。单击 Static Text 图标按钮并按住鼠标左键，移动到对话框左上角时释放鼠标。这样，第一个静态文本控件就添加到对话框中。

（4）右击刚添加的静态文本控件，从弹出的快捷菜单中选择"属性"命令，在右侧出现的属性窗口中将其 Caption（标题）属性改为"输入半径："，如图 2.10 所示。

（5）类似地，将"工具箱"中的编辑框控件 Edit Control 拖放到刚才添加的静态文本控件的下方，这样就在对话框模板中添加了一个编辑框控件。移动鼠标至编辑框右边夹点（实心矩形点），当出现"水平调整"鼠标指针形状↔时按住鼠标左键并向右移动，这样就增加了控件的长度，至满意长度时释放鼠标键。

（6）同样，将"工具箱"中的按钮控件 Button 拖放到刚才添加的编辑框的右边，在其属性窗口中，将其 Caption（标题）属性改为"圆面积"。

（7）最后，在添加的编辑框下添加一个静态文本控件 Static Text，调整其长度至"圆面积"按钮右侧，在其属性窗口中，将其 ID 属性设定为 IDC_STATIC _RES，结果如图 2.11 所示。

实验 2　Windows 编程基础　53

图 2.10　修改控件的标题属性

图 2.11　修改控件的 ID 属性

（8）编译并运行。

2.3.4　映射消息并完善代码

具体步骤如下。

（1）单击模板中的"圆面积"按钮控件，在其属性窗口的顶部单击"控件事件"图标 ，在 BN_CLICKED(单击)属性栏右侧输入要映射的函数名"OnCalArea"并按 Enter 键,如图 2.12 所示。

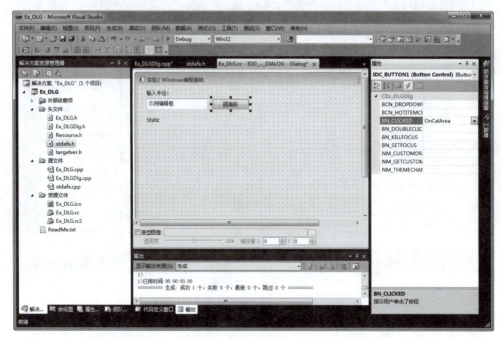

图 2.12 映射按钮单击消息

(2)此时会自动打开 Ex_DLGDlg.cpp 文档并定位到添加的消息映射函数 OnCalArea()处,添加下列代码。

```
void CEx_DLGDlg::OnCalArea()
{
    CString strEdit;
    GetDlgItem(IDC_EDIT1)->GetWindowText(strEdit);
    strEdit.TrimLeft();
    if(strEdit.GetLength() > 0)    {
        float    fRes = (float)atof(strEdit);
        if(fRes > 0.0f)    {
            strEdit.Format("圆面积为: %f",3.14 * fRes * fRes);
            GetDlgItem(IDC_STATIC_RES)->SetWindowText(strEdit);
        } else
            MessageBox("圆半径输入无效!","注意", 0);
    } else
        MessageBox("请输入圆的半径!","注意", 0);
}
```

其中,GetDlgItem()用来通过指定控件的 ID 来获取一个控件的类对象指针。

(3)编译并运行,结果如前图 2.6 所示。

2.4　常见问题处理

（1）在类代码输入后，忘记缩进了，如何快速并规范代码的缩进格式？

解答

首先选中要规范的代码，然后选择"编辑"→"高级"→"设置选定内容的格式"菜单命令。

（2）添加的创建控件的代码没有错，可运行后就是显示不出来？

解答

① 查看在控件创建时指定的风格（样式）中是否有 WS_CHILD 和 WS_VISIBLE。

② 查看控件对象是否是全局对象。

③ 查看当用 CRect 指定位置和大小的数值是否正确？注意，在 Ex_MFC 示例中 CRect 的构造函数中指定的 4 个数值分别是左、上、右和下的位置，例如，CRect(20，20，100，20) 则是无法显示的，因为指定的矩形高度为 0。

（3）在编辑状态下，当输入类的成员变量或函数时，会自动弹出相应的智能感知窗口，从中可以快速选择相应的成员。同样，若要指定函数调用时，还会自动弹出其形参窗口提示。可有时却怎么也不能显示这样的提示，如何解决呢？

解答

① 当前代码行前面出现太多的错误。

② Visual Studio 2010 的 Intellisense 是依赖于 Microsoft SQL Server Compact 3.5，即在当前项目文件夹下有一个扩展名为 .sdf 的文件。关闭当前项目，删除此文件，再打开项目。

（4）解决方案、项目、应用程序和工程，这四者有什么区别？

解答

项目和工程都是 Project，含义相同，一般类似于"软件"这样的概念。而应用程序比项目的范畴要小，前面的示例都是应用程序。一个项目常常可包含多个应用程序，而解决方案是一种"产品"级概念，范畴最广。一个解决方案可包含多个项目。

思考与练习

（1）说说 Ex_SDK、Ex_MFC 和 Ex_DLG 在框架组成、消息处理和控件创建上有哪些相同和不同的地方？

（2）比较 Ex_SDK 和 Ex_MFC，看看它们在设定控件字体时有什么不同？为什么 Ex_DLG 中的控件字体不用专门的代码去设置？

EXPERIMENT 实验 3

常用控件

控件是在系统内部定义的能够完成特定功能的控制单元。在应用程序中,使用控件不仅可以简化编程,还能完成常用的各种功能。在所有的控件中,根据它们的使用及 Visual C++ 对其支持的情况,可以把控件分为 Windows 一般控件(即早期的如编辑框、列表框、组合框和按钮等)、通用控件(如列表视图、树视图等控件)、MFC 扩展控件和 ActiveX 控件。

控件的创建方式有两种。一种方式是在对话框模板中指定控件(既可使用对话框编辑器进行创建,也可自行定义),这样,当应用程序启动该对话框时,Windows 系统就会为对话框创建控件;当对话框清除时,控件也随之清除。另一种方式是将控件看作子窗口,通过调用 CWnd∷Create()函数来创建控件。

在本实验(实训)中,将用对话框模板来设计几个比较有趣的实例:Ex_Cal 能完成简单的计算功能并能扩展,使其计算平方、立方、平方根和倒数;Ex_Hatch 用来例显控件中图案(图形)绘制及其颜色调整的能力;Ex_Person 用作管理学生的个人信息(含照片)。

实验目的

- 熟悉对话框应用程序的创建。
- 熟悉对话框资源的添加和设计。
- 掌握控件消息和对话框消息的映射。
- 学会在控件上绘制图案(图像)。
- 学会在同一个消息函数中处理不同控件的消息。
- 熟悉常见问题的处理方法和技巧。

实验内容

- 简单计算器与功能扩展。
- 控件图案(图形)绘制。
- 管理学生的个人信息。

实验准备和说明

- 具备知识:常用控件(教程第 3 章)、使用 CImage(教程 8.1.2 节)。
- 构思并准备上机所需要的程序 Ex_Cal、Ex_Hatch 和 Ex_Person。
- 创建本实验(实训)的工作文件夹"D:\Visual C++ 程序\LiMing\3"。

3.1 简单计算器与功能扩展

一个简单的计算器常常包含加、减、乘和除四则运算,由于乘除的运算等级要高于加减,因此显示结果时需要对输入的表达式按运算等级进行解析。单击上方的">>"按钮,计算器显示扩展功能:平方、立方、平方根和倒数,如图 3.1(a)所示;再次单击此按钮,则恢复到开始的简单功能,如图 3.1(b)所示。当然,表达式的输入是通过数字和符号按钮进行的,单击"="按钮,显示计算结果。

(a)　　　　　　　　　　　　　　(b)

图 3.1　带功能扩展的计算器

本实验(实训)创建的项目为 Ex_Cal,具体过程如下。
(1) 设计计算器对话框。
(2) 扩展功能按钮的显示与隐藏。
(3) 映射并控制输入。
(4) 解析并输出结果。
(5) 扩展功能的实现。

3.1.1　设计计算器对话框

具体步骤如下。

(1) 启动 Microsoft Visual Studio 2010。

(2) 选择"文件"→"新建"→"项目"菜单命令或按快捷键 Ctrl+Shift+N 或单击顶层菜单下的标准工具栏中的 按钮,弹出"新建项目"对话框。在"已安装的模板"栏下选中 Visual C++ 下的 MFC 结点,在中间的模板栏中选中 MFC 应用程序 。

(3) 单击"位置"编辑框右侧的"浏览"按钮 浏览(B)... ,从弹出的"项目位置"对话框中指定项目所在的文件夹 ▶ 计算机 ▶ 本地磁盘 (D:) ▶ Visual C++程序 ▶ LiMing ▶ 3 ,单击 选择文件夹 按钮,回到"新建项目"对话框中。

(4) 在"新建项目"对话框的"名称"编辑框中输入名称"Ex_Cal"。同时,要取消勾选"为解决方案创建目录"复选框。

(5) 单击 [确定] 按钮,出现"MFC 应用程序向导"欢迎页面,单击 [下一步>] 按钮,出现"应用程序类型"页面。选中"基于对话框"应用程序类型,此时右侧的"项目类型"自动选定为"MFC 标准",取消勾选"使用 Unicode 库"复选框。

(6) 保留默认选项,单击 [完成] 按钮,系统开始创建,并又回到 Visual C++ 主界面,同时还自动打开对话框资源(模板)编辑器。将项目工作区切窗口换到"解决方案管理器"页面,双击头文件结点 [h] stdafx.h ,打开 stdafx.h 文档,滚动到最后代码行,将"♯ifdef _UNICODE"和最后一行的"♯endif"删除(注释掉)。

(7) 将文档窗口切换到对话框资源模板页面,单击对话框编辑器上的"网格切换"按钮 [ ],显示模板网格。删除"TODO:在此 xx"静态文本控件和"确定""取消"按钮。

(8) 右击对话框资源模板,从弹出的快捷菜单中选择"属性"命令,出现其"属性"窗口。将 Caption(标题)属性改为"简单计算器与功能扩展",Font(Size)属性设为"Tahoma,常规,9(小五)"。

(9) 调整对话框的大小(大小调为 258×197px),先添加一个静态文本控件,其属性 ID 设为 IDC_STATIC_DISP,Right Align Text、Sunken、Center Image 属性指定为 True。参看图 3.1 的控件布局为对话框添加如表 3.1 所示的其他一些控件。

表 3.1 对话框添加的控件

添加的控件	ID	标 题	其 他 属 性
按钮	IDC_BUTTON_EX	<<	默认
按钮	IDC_BUTTON_X2=901	X^2	默认
按钮	IDC_BUTTON_X3=902	X^3	默认
按钮	IDC_BUTTON_SQRT=903	√	默认
按钮	IDC_BUTTON_1X=904	1/X	默认
按钮	IDC_BUTTON_7=607	7	默认
按钮	IDC_BUTTON_8=608	8	默认
按钮	IDC_BUTTON_9=609	9	默认
按钮	IDC_BUTTON_4=604	4	默认
按钮	IDC_BUTTON_5=605	5	默认
按钮	IDC_BUTTON_6=606	6	默认
按钮	IDC_BUTTON_1=601	1	默认
按钮	IDC_BUTTON_2=602	2	默认
按钮	IDC_BUTTON_3=603	3	默认
按钮	IDC_BUTTON_0=600	0	默认
按钮	IDC_BUTTON_00=599	00	默认
按钮	IDC_BUTTON_DOT	.	默认
按钮	IDC_BUTTON_BACK	←	默认

续表

添加的控件	ID	标 题	其 他 属 性
按钮	IDC_BUTTON_CLEAR	C	默认
按钮	IDC_BUTTON_MUL=701	x	默认
按钮	IDC_BUTTON_DIV=702	÷	默认
按钮	IDC_BUTTON_ADD=703	+	默认
按钮	IDC_BUTTON_SUB=704	−	默认
按钮	IDC_BUTTON_RES	=	默认

说明：表中控件 ID 中的"="用来重新为其指定一个值，输入时全部输入。例如，当输入"IDC_BUTTON_0＝600"后表示将按钮 ID"IDC_BUTTON_0"的值设为 600。

(10) 选择"编译"→"资源符号"菜单命令，弹出如图 3.2 所示的"资源符号"对话框，从中核对其值是否与表 3.1 所设一致。若 ID 值不对，则关闭"资源符号"对话框后，在该控件的"属性"窗口，重新在 ID 属性的标识符后用"="赋值。

图 3.2 "资源符号"对话框

(11) 选择"格式"→"Tab 键顺序"菜单命令或按快捷键 Ctrl+D，此时每个控件的左上方都有一个数字，表明当前 Tab 键顺序，如图 3.3 所示。单击"="按钮，则其 Tab 顺序值被重置为 1，这意味着该控件在对话框显示后第 1 个被选定的对象。按 Enter 键或在其他区域单击鼠标,退出 Tab 键顺序设置状态。

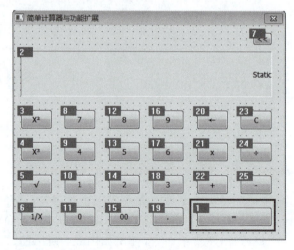

图 3.3 设置控件 Tab 键顺序

（12）右击 IDC_STATIC_DISP 静态文本控件,从弹出的快捷菜单中选择"添加变量"命令,弹出"添加成员变量向导"对话框,指定"类别"为 Value,输入"变量名"为"m_strDisp",如图 3.4 所示,单击 完成 按钮。

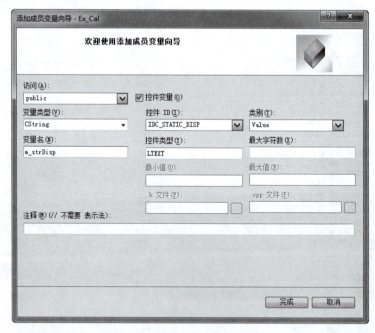

图 3.4 添加控件变量

3.1.2 扩展功能按钮的显示与隐藏

具体步骤如下。

（1）右击">>"按钮控件,从弹出的快捷菜单中选择"添加事件处理程序"命令,弹出"事件处理程序向导"对话框,保留默认选项,单击 [添加编辑(A)] 按钮,退出向导对话框。这样就为 CEx_CalDlg 类添加 IDC_BUTTON_EX 按钮控件的 BN_CLICKED 消息的默认映射函数,添加下列代码。

```
void CEx_CalDlg::OnBnClickedButtonEx()
{
    CRect       rcAllDlg;
    CWnd*       pExWnd          = GetDlgItem(IDC_BUTTON_EX);
    CString     strEx;
    pExWnd->GetWindowText(strEx);
    GetWindowRect(rcAllDlg);

    int         nOffset         = 0;

    //根据按钮的标题文本来判断
    if(strEx.Find("<<") >= 0)
    {   //收缩
        //设置扩展按钮标题
        pExWnd->SetWindowText(">>");
        nOffset             = -m_nExDist;
    }
    else
    {   //扩展
        //设置扩展按钮标题
        pExWnd->SetWindowText("<<");
        nOffset             = m_nExDist;
    }

    //对话框变化
    rcAllDlg.right      += nOffset;
    SetWindowPos(NULL, 0, 0, rcAllDlg.Width(), rcAllDlg.Height(),
        SWP_NOMOVE|SWP_NOZORDER);

    //所有控件移动 nOffset
    CWnd*       pWndCtrl        = GetWindow(GW_CHILD);
    CRect       rcChild;
    while(pWndCtrl != NULL)
    {
        pWndCtrl->GetWindowRect(rcChild);
        rcChild.OffsetRect(nOffset, 0);
        ScreenToClient(rcChild);
        pWndCtrl->MoveWindow(rcChild);
        pWndCtrl =pWndCtrl->GetWindow(GW_HWNDNEXT);
    }
```

```
    //最后处理显示控件 IDC_STATIC_DISP
    CWnd*      pDispWnd    = GetDlgItem(IDC_STATIC_DISP);
    pDispWnd->GetWindowRect(rcChild);
    rcChild.left           -= nOffset;
    ScreenToClient(rcChild);
    pDispWnd->MoveWindow(rcChild);
    pDispWnd->Invalidate();               //强制刷新
}
```

（2）将项目工作区窗口切换到"类视图"页面，双击 CEx_CalDlg 类名结点，打开 Ex_CalDlg.h，在类 CEx_CalDlg 中添加下列成员变量定义代码。

```
class CEx_CalDlg : public CDialogEx
{
public:
    int          m_nExDist;
    int          m_nCurKeyType;
    bool         m_bHasDot;
    bool         m_bHasNum;
//构造
public:
    CEx_CalDlg(CWnd* pParent =NULL);      //标准构造函数
```

（3）在"类视图"CEx_CalDlg 类的成员页面中，双击 OnInitDialog 结点，打开并在该函数的最后（return true;语句前）添加下列初始化代码。

```
BOOL CEx_CalDlg::OnInitDialog()
{
    CDialogEx::OnInitDialog();
    ...
    //TODO: 在此添加额外的初始化代码
    CWnd*     pD7Wnd        = GetDlgItem(IDC_BUTTON_7);
    CWnd*     pD8Wnd        = GetDlgItem(IDC_BUTTON_8);

    CRect    rcD7, rcD8;
    pD7Wnd->GetWindowRect(rcD7);
    pD8Wnd->GetWindowRect(rcD8);

    m_nExDist    = rcD8.left - rcD7.left;
    if(m_nExDist < 0) m_nExDist    = -m_nExDist;

    m_strDisp     = "0";                  //开始显示为 0
    m_bHasDot     = false;
```

```
    m_bHasNum        = false;
    m_nCurKeyType    = -1;               //没有输入

    //设置显示字体
    CWnd *    pWnd    = GetDlgItem(IDC_STATIC_DISP);
    CFont *   pFont   = pWnd->GetFont();
    LOGFONT lf;
    pFont->GetLogFont(&lf);
    lf.lfHeight       = -24;             //指定为 24px 高度
    static CFont    font;                //须将其指定为全局,否则后面的字体设置无效
    font.CreateFontIndirect(&lf);        //创建字体
    pWnd->SetFont(&font);
    UpdateData(false);
    return TRUE;                         //除非将焦点设置到控件,否则返回 TRUE
}
```

(4) 编译运行并测试,结果如图 3.5 所示。

图 3.5　扩展功能按钮的显示与隐藏

3.1.3　映射并控制输入

为了区分简单计算器中 0、00、1～9 数字按钮与小数点、加、减、乘、除等按钮,这里用前面已定义的成员变量 m_nCurKeyType(当前按钮类型,-1 表示当前没有输入,1 表示当前输入数字,2 表示当前输入小数点,5 表示当前输入运算符号)、m_bHasDot(是否已有小数点)、m_bHasNum(是否已有非 0 数值)来控制输入。具体步骤如下。

(1) 在"类视图"页面中,右击 CEx_CalDlg 类结点,从弹出的快捷菜单中选择"属性"命令,弹出其"属性"窗口,在窗口上部单击"重写"按钮 ,将其切换到"重写"页面,找到 OnCommand,在其右侧栏单击鼠标,然后单击右侧的下拉按钮 ,从弹出的下拉项中选择"添加 OnCommand",这样 OnCommand()虚函数重写(重载)函数就添加完成。

(2) 此时自动转向文档窗口,并定位到 CEx_CalDlg∷OnCommand()函数实现的源代码处。关闭"属性"窗口,添加下列代码。

```cpp
BOOL CEx_CalDlg::OnCommand(WPARAM wParam, LPARAM lParam)
{
    //TODO: 在此添加专用代码和/或调用基类
    WORD nID   = LOWORD(wParam);                //获取控件 ID
    if((nID >= 599) && (nID <= 609))            //数字按钮
    {
        //处理 0、00 按钮
        if((nID == 600) || (nID == 599))
        {
            if(m_bHasDot || m_bHasNum)          //前有小数点或非 0 数值
            {
                m_strDisp       = m_strDisp + "0";
                if(nID == 599)   m_strDisp = m_strDisp + "0";
                UpdateData(false);
                m_nCurKeyType    =1;
            }
        }
        else
        {
            if(m_nCurKeyType < 0)    m_strDisp.Empty();
            m_bHasNum       = true;
            CString strNum;
            strNum.Format("%d", nID - 600);
            m_strDisp       = m_strDisp + strNum;
            UpdateData(false);
            m_nCurKeyType   = 1;
        }
    }
    else if(nID == IDC_BUTTON_DOT)              //处理小数点按钮
    {
        if(!m_bHasDot)
        {
            m_bHasDot       = true;
            m_strDisp       = m_strDisp+".";
            UpdateData(false);
            m_nCurKeyType   = 2;
        }
    }
    else if((nID >= 701) && (nID <= 704))       //处理 * / +-
    {
        int   nLength            = m_strDisp.GetLength();
        if((m_nCurKeyType > 0) && (nLength > 0))
        {
```

```
            m_strDisp.Replace("×", "*");
            m_strDisp.Replace("÷", "/");
            CString strOP[]    = {"*", "/", "+", "-"};
            if(m_nCurKeyType >= 5)
            {
                nLength        = m_strDisp.GetLength();
                m_strDisp      = m_strDisp.Left(nLength-1);
            }
            m_strDisp          = m_strDisp + strOP[nID - 701];
            m_strDisp.Replace("*", "×");
            m_strDisp.Replace("/", "÷");
            UpdateData(false);
            m_nCurKeyType      = 5;
            m_bHasDot          = false;
            m_bHasNum          = false;
        }
    }
    return CDialogEx::OnCommand(wParam, lParam);
}
```

（3）将项目工作区窗口切换到"资源视图"页面（若没有此页面，则选择"视图"→"资源视图"菜单命令显示），展开所有结点，双击 Dialog 下的 IDD_EX_CAL_DIALOG 结点，打开对话框资源模板。

（4）右击 C 按钮控件（IDC_BUTTON_CLEAR），从弹出的快捷菜单中选择"添加事件处理程序"命令，弹出"事件处理程序向导"对话框，保留默认选项，单击 添加编辑(A) 按钮，退出向导对话框。这样，就添加了该按钮控件的 BN_CLICKED"事件"消息的默认映射函数，添加下列代码。

```
void CEx_CalDlg::OnBnClickedButtonClear()
{
    //TODO: 在此添加控件通知处理程序代码
    m_strDisp          = "0";                //开始显示为 0
    m_bHasDot          = false;
    m_bHasNum          = false;
    m_nCurKeyType      = -1;                 //没有输入
    UpdateData(false);
}
```

（5）类似地，为按钮 IDC_BUTTON_BACK 添加 BN_CLICKED"事件"消息的默认映射函数，并添加下列代码。

```
void CEx_CalDlg::OnBnClickedButtonBack()
{
```

```cpp
        //TODO: 在此添加控件通知处理程序代码
        if(m_nCurKeyType < 0) return;
        m_strDisp.Replace("×", "*");
        m_strDisp.Replace("÷", "/");
        int nLength            = m_strDisp.GetLength();
        if(nLength <= 1)
        {
            OnBnClickedButtonClear();      //则相当于单击C按钮
            return;
        }
        m_strDisp              = m_strDisp.Left(nLength - 1);
        char chLast            = m_strDisp[nLength - 2];
        if((chLast >= '0') && (chLast <= '9'))
        {
            m_bHasNum          = true;
            m_nCurKeyType      = 1;
        }
        else if(chLast == '.')
        {
            m_bHasDot          = true;
            m_nCurKeyType      = 2;
        }
        else
        {
            //剩下来应是+-*/运算符号
            m_nCurKeyType      = 5;
            m_bHasDot          = false;
            m_bHasNum          = false;
        }
        m_strDisp.Replace("*", "×");
        m_strDisp.Replace("/", "÷");
        UpdateData(false);
    }
```

（6）编译运行并测试。

3.1.4 解析并输出结果

由于乘除的运算等级高于加减，因此解析输入的表达式时需要先按乘除进行运算。由于乘除是二元运算符，因此可先找出运算符左、右两边操作数，运算后的结果"替换"原来的表达式，然后循环解析直到没有乘除运算符为止，最后解析加减运算。同级别相邻运算符需按从左到右的顺序来计算结果。具体步骤如下：

（1）将项目工作区窗口切换到"类视图"页面，右击 CEx_CalDlg 类结点，从弹出的快捷菜单中选择"添加"→"添加函数"命令，弹出"添加成员函数向导"对话框，将"返回类型"选为

CString,在"函数名"框中输入"GetLeftData";"参数类型"为 CString,指定"参数名"为 str,单击 添加(A) 按钮;再次选择"参数类型"为 double&,指定"参数名"为 fRes,如图 3.6 所示,单击 添加(A) 按钮。

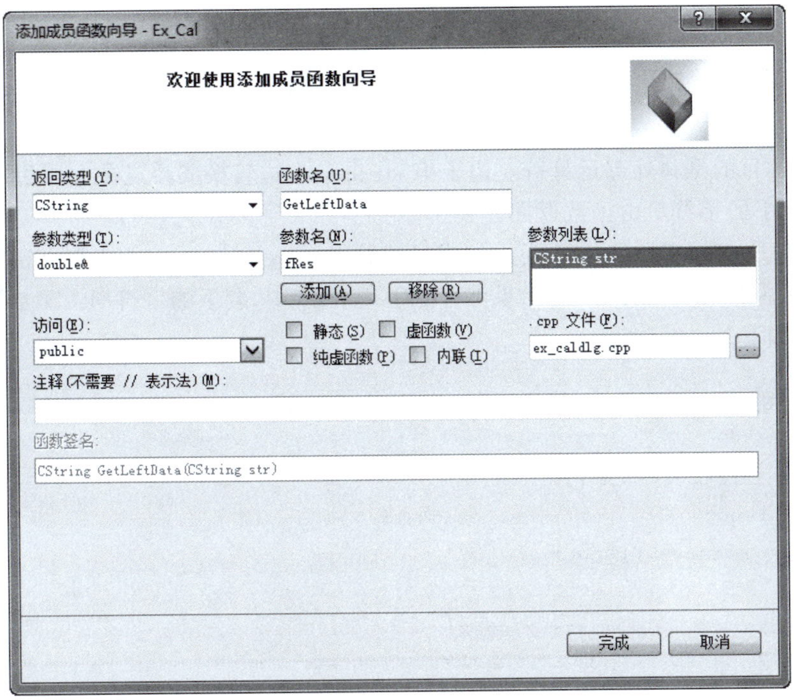

图 3.6　添加成员函数

(2) 保留其他默认选项,单击 完成 按钮。此时,对话框退出,并自动定位到添加的函数实现代码处,在这里可以为该函数添加下列代码。

```
CString CEx_CalDlg::GetLeftData(CString str, double& fRes)
{
    int nIndex        = str.GetLength() - 1;
    //从最后往前查找
    while(nIndex>= 0)
    {
        char ch       = str[nIndex];
        if((ch == '+') || (ch =='-') || (ch == '*') || (ch == '/'))
            break;
        nIndex--;
    }
    CString strLeft;         //数据拿掉后还剩下的字符串
    if(nIndex >= 0)    {
        strLeft       = str.Left(nIndex + 1);
        fRes          = atof(str.Mid(nIndex + 1));
    }
```

```
        else
        {
            fRes            = atof(str);
            strLeft.Empty();
        }
        return strLeft;
    }
```

此函数的目的是将外部运算符左边子串 str 的最右边转换成浮点数并由引用参数 fRes 返回,而将剩下的字符串由函数返回。

(3) 类似地,为 CEx_CalDlg 类添加成员函数 GetRightData(),用来取外部运算符右边子串 str 的最左边转换成浮点数,结果保存到引用 fRes 中,剩下的字符串由函数返回。添加的函数代码如下。

```
CString CEx_CalDlg::GetRightData(CString str, double& fRes)
{
    int nIndex          = 0;
    int nLength         = str.GetLength();
    while(nIndex < nLength)
    {
        char ch         = str[nIndex];
        if((ch == '+') || (ch == '-') || (ch == '*') || (ch == '/'))
            break;
        nIndex++;
    }
    CString strRight;              //数据拿掉后还剩下的字符串
    if(nIndex >= 0)
    {
        strRight        = str.Mid(nIndex);
        fRes            = atof(str.Left(nIndex));
    }
    else
    {
        fRes            = atof(str);
        strRight.Empty();
    }
    return strRight;
}
```

(4) 为 CEx_CalDlg 类添加用于处理运算符的成员函数 DoParseOP(),函数返用解析后的字符串。具体的函数代码如下。

```
CString CEx_CalDlg::DoParseOP(CString strData, CString strOP)
{
```

```
    int nPos;
    while((nPos = strData.FindOneOf(strOP)) >= 0)
    {
        //处理首字符是运算符的情况
        if(nPos == 0)    {
            CString strTemp = strData.Mid(1);
            nPos = strTemp.FindOneOf(strOP);
            if(nPos < 0)        break;
            else                nPos++;
        }
        char    chOP        = strData[nPos];
        //以当前运算符为界,将字符串分成左、右两段
        CString strL        = strData.Left(nPos);
        CString strR        = strData.Mid(nPos+1);
        double fLData, fRData, fData;
        CString strLL       = GetLeftData(strL, fLData);
        CString strRR       = GetRightData(strR, fRData);
        if(chOP == '*')         fData = fLData * fRData;
        else if(chOP == '/')
        {
            //处理除数为 0.0 的情况
            if((fabs(fRData)) > 0.0)
                fData = fLData/fRData;
            else
                return "E";
        }
        else if(chOP == '+')        fData = fLData + fRData;
        else if(chOP == '-')        fData = fLData - fRData;
        CString strRes;
        strRes.Format("%f", fData);
        strRes.TrimRight('0');
        strRes.TrimRight('.');
        //将左右剩下来和当前计算结果合成一个表达式
        strData.Format("%s%s%s", strLL, strRes, strRR);
    }
    return strData;
}
```

（5）为"＝"按钮 IDC_BUTTON_RES 添加 BN_CLICKED"事件"消息的默认映射函数,并添加下列代码。

```
void CEx_CalDlg::OnBnClickedButtonRes()
{
```

```
//TODO:在此添加控件通知处理程序代码
//无输入或输入为空
if((m_nCurKeyType < 0) || (m_strDisp.IsEmpty()))
{
    OnBnClickedButtonClear();          return;
}
m_strDisp.Replace("×", "*");
m_strDisp.Replace("÷", "/");
//先处理"*/",再处理"+-"
m_strDisp      = DoParseOP(m_strDisp, "*/");
m_strDisp      = DoParseOP(m_strDisp, "+-");
//处理结果
m_strDisp.TrimRight('0');
m_strDisp.TrimRight('.');

UpdateData(false);
m_bHasNum        = true;
if(m_strDisp.Find('.') >= 0)
    m_bHasDot    = true;
else
    m_bHasDot    = false;

m_nCurKeyType    = 1;
}
```

（6）在 Ex_CalDlg.cpp 文件的前面添加 cmath 头文件包含指令。

```
#include "afxdialogex.h"
#include<cmath>
```

（7）编译运行并测试，结果如图 3.7 所示。

图 3.7　普通四则运算功能

3.1.5 扩展功能的实现

对于平方、立方、求平方根和倒数功能的实现代码，不必添加在相应按钮的映射函数中，而只须添加在 CEx_CalDlg::OnCommand() 中即可。具体添加的代码如下。

```
BOOL CEx_CalDlg::OnCommand(WPARAM wParam, LPARAM lParam)
{
    //...
    else if((nID >= 901) && (nID <= 904))         //扩展功能
    {
        if(!(m_strDisp.IsEmpty()))    {
            double   fRes;
            bool     bOK      = true;
            if(m_strDisp.FindOneOf("×÷+-") >= 0)    {
                m_strDisp    = "E";
                bOK          = false;
            } else
                fRes         = atof(m_strDisp);
            if(bOK)   {
                if     (nID == 901)   fRes   = fRes * fRes;
                else if (nID == 902)  fRes   = fRes * fRes * fRes;
                else if (nID ==903)   {
                    if(fRes >= 0.0)     fRes   = sqrt(fRes);
                    else bOK = false;
                }
                else if (nID == 904)   {
                    if(fabs(fRes) > 0.0)  fRes = 1.0/fRes;
                    else bOK = false;
                }
            }
            if(bOK)    {
                //处理结果
                m_strDisp.Format("%f", fRes);
                m_strDisp.TrimRight('0');
                m_strDisp.TrimRight('.');
                m_bHasNum     =true;
                if(m_strDisp.Find('.')>-0)
                    m_bHasDot    =true;
                else
                    m_bHasDot    =false;
                m_nCurKeyType    =1;
            }
            else
            {
```

```
                    m_nCurKeyType    =- 1;
                    m_bHasDot        = false;
                    m_bHasNum        = false;
                }
                UpdateData(false);
            }
        }
        return CDialogEx::OnCommand(wParam, lParam);
    }
```

3.2 控件图案绘制

在控件中绘制图案的关键在于控制对话框自动刷新控件。图案绘制后还可通过"图案"组合框和颜色分量调节器来改变绘制的图案类型和颜色,创建的项目为 Ex_Hatch,结果如图 3.8(a)所示。

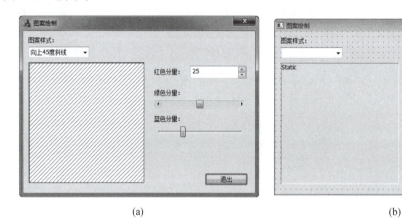

图 3.8　Ex_MFC 运行结果

具体实验(实训)过程如下。
(1) 设计图案绘制对话框。
(2) WM_PAINT 和控件绘制。
(3) 图案及其颜色调整。

3.2.1　设计图案绘制对话框

具体步骤如下。
(1) 选择"文件"→"关闭解决方案"菜单命令,关闭原来的项目。
(2) 选择"文件"→"新建"→"项目"菜单命令或按快捷键 Ctrl+Shift+N 或单击顶层菜单下的标准工具栏中的 按钮,弹出"新建项目"对话框。保留默认选项,直接在"名称"编辑框中输入名称"Ex_Hatch"。
(3) 单击 确定 按钮,出现"MFC 应用程序向导"欢迎页面,单击 下一步> 按钮,出现"应用程序类型"页面。选中"基于对话框"应用程序类型,此时右侧的"项目类型"自动选定为"MFC 标准",取消勾选"使用 Unicode 库"复选框。

(4) 保留默认选项,单击 完成 按钮,系统开始创建,并又回到了 Visual C++ 主界面,同时还自动打开对话框资源(模板)编辑器。将项目工作区切窗口换到"解决方案管理器"页面,打开 stdafx.h 文档,滚动到最后代码行,将"#ifdef _UNICODE"和最后一行的"#endif"删除(注释掉)。

(5) 将文档窗口切换到对话框资源模板页面,删除"TODO:在此 xx"静态文本控件和"取消"按钮。将对话框 Caption(标题)属性改为"图案绘制",将"确定"按钮 Caption(标题)属性改为"退出"。

(6) 单击对话框编辑器上的"网格切换"按钮,显示模板网格。调整对话框大小(调为 282×185px),并将"退出"移至对话框的右下角。参看图 3.8(b)控件布局为对话框添加如表 3.2 所示的一些控件并微调(其中将旋转按钮控件的 Alignment 属性选定为 Right Align,Auto buddy 和 Set buddy integer 设为 True)。

表 3.2 对话框添加的控件

添加的控件	ID	标题	其他属性
组合框	IDC_COMBO_HATCH	—	默认
静态文本	IDC_STATIC_DRAW	默认	Sunken
编辑框	IDC_EDIT_R	—	默认
旋转按钮控件	IDC_SPIN_R	—	见上面提示
水平滚动条	IDC_SCROLLBAR_G	—	默认
滑动条	IDC_SLIDER_B	—	默认

需要说明的是。

① 当添加组合框后,一定要单击右侧的下拉箭头,增大下拉框的大小。

② 当"红色分量"编辑框添加之后,紧接着要添加旋转按钮,这样它们才能组成伙伴窗口。

(7) 选择"项目"→"类向导"菜单或按快捷键 Ctrl+Shift+X,弹出"MFC 类向导"对话框。查看"类名"组合框中是否已选择了 CEx_HatchDlg,切换到"成员变量"页面。在"控件变量"列表中,选中所需的控件 ID,双击鼠标或单击 添加变量(A)... 按钮。依次为表 3.3 控件增加成员变量。单击 确定 按钮,退出"MFC 类向导"对话框。

表 3.3 控件变量

控件 ID	变量类别	变量类型	变量名	范围和大小
IDC_COMBO_HATCH	Control	CComboBox	m_cbHatch	—
IDC_EDIT_R	Value	UINT	m_nRValue	0~255
IDC_SPIN_R	Control	CSpinButtonCtrl	m_spinRValue	—
IDC_SCROLLBAR_G	Control	ScrollBar	m_sbGValue	—
IDC_SLIDER_B	Control	CSliderCtrl	m_sdBValue	—

(8) 编译。

3.2.2 WM_PAINT 和控件绘制

在 MFC 框架中，当需要更新或重新绘制窗口外观时，应用程序就会发送 WM_PAINT 消息，通常需要在对话框中映射 WM_PAINT 消息以便执行自己的绘制代码。不过，在基于对话框应用程序中，WM_PAINT 消息映射已自动添加。所以，控件绘制的代码只要添加到 OnPaint() 映射函数就可以了。

只是，在对话框中的控件进行绘画时，为了防止 Windows 用系统默认的颜色向对话框进行重复绘制，须调用 UpdateWindow()（更新窗口）函数来达到这一效果。UpdateWindow() 是 CWnd 的一个无参数的成员函数，其目的是绕过系统的消息列队，而直接发送或停止发送 WM_PAINT 消息。当窗口没有需要更新区域时，就停止发送。这样，当图形绘制完时，由于没有 WM_PAINT 消息的发送，系统也就不会用默认的颜色对窗口进行重复绘制。

当然，也可在程序中通过调用 Invalidate() 函数来通知系统此时的窗口状态已变为无效，强制系统调用 WM_PAINT 消息函数 OnPaint() 重新绘制。

具体步骤如下。

(1) 将项目工作区窗口切换到"类视图"页面，双击 CEx_HatchDlg 类名结点，打开 Ex_HatchDlg.h，在类 CEx_HatchDlg 中添加下列成员变量定义代码。

```
public:
    CComboBox           m_cbHatch;
    UINT                m_nRValue;
    UINT                m_nGValue;
    UINT                m_nBValue;
    UINT                m_nHatch;
    CScrollBar          m_sbGValue;
    CSliderCtrl         m_sdBValue;
    CSpinButtonCtrl     m_spinRValue;
```

(2) 右击 CEx_HatchDlg 类结点，从弹出的快捷菜单中选择"添加"→"添加函数"命令，弹出"添加成员函数向导"对话框，将"返回类型"选为 void，在"函数名"框中输入"DrawHatch"。保留其他默认选项，单击 完成 按钮。此时，对话框退出，并自动定位到添加的函数实现代码处，在这里可以为该函数添加下列代码。

```
void CEx_HatchDlg::DrawHatch(void)
{
    CWnd*    pWnd     = GetDlgItem(IDC_STATIC_DRAW);
    pWnd->UpdateWindow();
    CDC*     pDC      = pWnd->GetDC();         //获得窗口当前的设备环境指针
    CBrush   drawBrush;                        //定义画刷变量
    drawBrush.CreateHatchBrush(m_nHatch,
                    RGB(m_nRValue,m_nGValue,m_nBValue));
```

```
//创建一个图案画刷。RGB 是一个颜色宏,用来将指定的红、绿、蓝三种
//颜色分量转换成一个 32 位的 RGB 颜色值
CBrush * pOldBrush = pDC->SelectObject(&drawBrush);
CRect rcClient;
pWnd->GetClientRect(rcClient);              //获取当前控件的客户区大小
pDC->Rectangle(rcClient);                   //用当前画刷填充指定的矩形框
pDC->SelectObject(pOldBrush);               //恢复原来的画刷
}
```

(3) 在 CEx_HatchDlg::OnInitDialog() 函数中添加下列初始化代码。

```
BOOL CEx_HatchDlg::OnInitDialog()
{
    CDialogEx::OnInitDialog();
    ...
    //TODO: 在此添加额外的初始化代码
    //填充并设定图案组合框选项
    int nIndex;
    nIndex = m_cbHatch.AddString("向上 45 度斜线");
    m_cbHatch.SetItemData(nIndex, HS_BDIAGONAL );
    nIndex = m_cbHatch.AddString("交叉十字线");
    m_cbHatch.SetItemData(nIndex, HS_CROSS);
    nIndex = m_cbHatch.AddString("斜十字交叉线");
    m_cbHatch.SetItemData(nIndex, HS_DIAGCROSS);
    nIndex = m_cbHatch.AddString("向下 45 度斜线");
    m_cbHatch.SetItemData(nIndex, HS_FDIAGONAL);
    nIndex = m_cbHatch.AddString("水平线");
    m_cbHatch.SetItemData(nIndex, HS_HORIZONTAL);
    nIndex = m_cbHatch.AddString("垂直线");
    m_cbHatch.SetItemData(nIndex, HS_VERTICAL);
    m_cbHatch.SetCurSel(0);
    m_nHatch = m_cbHatch.GetItemData(0);
    //设置上下转换按钮范围和当前值
    m_spinRValue.SetRange(0, 255);
    m_nRValue    = 0;
    m_spinRValue.SetPos(m_nRValue);
    //设置滚动条范围和当前值
    m_sbGValue.SetScrollRange(0, 255);
    m_nGValue    = 0;
    m_sbGValue.SetScrollPos(m_nGValue);
    //设置滑动条范围和当前值
    m_sdBValue.SetRange(0, 255);
    m_nBValue    = 0;
```

```
    m_sdBValue.SetPos(m_nBValue);
    return TRUE; //除非将焦点设置到控件,否则返回 TRUE
}
```

(4) 在 CEx_HatchDlg::OnPaint() 函数中添加下列代码。

```
void CEx_HatchDlg::OnPaint()
{
    if(IsIconic()) {...}
    else
    {
        CDialogEx::OnPaint();
        DrawHatch();
    }
}
```

(5) 编译并运行,结果如图 3.9 所示。

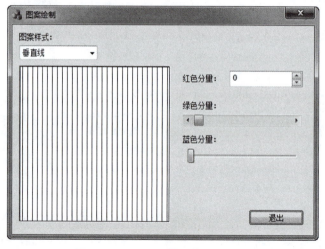

图 3.9　Ex_Hatch 第一次运行结果

3.2.3　图案及其颜色调整

具体步骤如下。

(1) 将文档窗口切换到对话框资源模板页面,右击组合框 IDC_COMBO_HATCH 控件,从弹出的快捷菜单中选择"添加事件处理程序"命令,弹出"事件处理程序向导"对话框,保留默认选项,单击 添加编辑(A) 按钮,退出向导对话框。这样就为 CEx_HatchDlg 类添加了该组合框控件的 CB_SELCHANGE 消息的默认映射函数,添加下列代码。

```
void CEx_HatchDlg::OnCbnSelchangeComboHatch()
{
```

```
    int nIndex = m_cbHatch.GetCurSel();
    if(nIndex != CB_ERR)    {
        m_nHatch = m_cbHatch.GetItemData(nIndex);
        DrawHatch();
    }
}
```

(2) 为 CEx_HatchDlg 类添加一个 BOOL m_bOK 成员变量，同时在 CEx_HatchDlg 的构造函数中令其初值为 FALSE，即：

```
CEx_HatchDlg::CEx_HatchDlg(CWnd* pParent/*=NULL*/)
    : CDialogEx(CEx_HatchDlg::IDD, pParent)
{
    m_hIcon = AfxGetApp()->LoadIcon(IDR_MAINFRAME);
    m_nRValue    = 0;
    m_bOK        = FALSE;
}
```

(3) 在 CEx_HatchDlg::OnInitDialog() 函数的最后 return 语句之前，添加下列代码。

```
BOOL CEx_HatchDlg::OnInitDialog()
{
    CDialogEx::OnInitDialog();
    ...
    m_nBValue    = 0;
    m_sdBValue.SetPos(m_nBValue);
    m_bOK        = TRUE;
    return TRUE;           //除非将焦点设置到控件,否则返回 TRUE
}
```

(4) 将文档窗口切换到对话框资源模板页面，右击编辑框 IDC_EDIT_R 控件，从弹出的快捷菜单中选择"添加事件处理程序"命令，弹出"事件处理程序向导"对话框，保留默认选项，单击 添加编辑(A) 按钮，退出向导对话框。这样就为 CEx_HatchDlg 类添加了该编辑框控件的 EN_CHANGE 消息的默认映射函数，添加了下列代码。

```
void CEx_HatchDlg::OnEnChangeEditR()
{
    if(m_bOK){
        UpdateData();
        DrawHatch();
    }
}
```

需要说明的是，由于旋转按钮控件和编辑框结伴时指定了 Set buddy integer 属性，使得对旋转按钮控件的初始化操作影响了其结伴的编辑框的控件变量的值,这使得编辑框提前产生了 EN_CHANGE 消息,从而产生断言错误。在代码中引入 m_bOK 可解决这个错误。

(5) 右击 CEx_HatchDlg 类结点,从弹出的快捷菜单中选择"属性"命令,出现其"属性"窗口,单击顶部"消息"图标按钮 ,将其切换到"消息"页面。找到 WM_HSCROLL 消息并在属性栏右侧单击鼠标,单击出现的下拉按钮,从弹出的下拉项中选中"＜Add＞OnHScroll",则为 CEx_HatchDlg 类添加了 WM_HSCROLL 消息的默认映射函数 OnHScroll()。

(6) 在函数 OnHScroll() 中添加下列代码。

```
void CEx_HatchDlg::OnHScroll(UINT nSBCode, UINT nPos,
                             CScrollBar* pScrollBar)
{
    int nID = pScrollBar->GetDlgCtrlID();
    if(nID == IDC_SLIDER_B)
    {                                           //若是滑动条产生水平滚动消息
        m_nBValue = m_sdBValue.GetPos();        //则获得滑动条当前的位置
        DrawHatch();
    }
    if(nID == IDC_SCROLLBAR_G) {                //若是滚动条产生水平滚动消息
        switch(nSBCode)
        {
            case SB_LINELEFT:   m_nGValue--;    //单击滚动条左边箭头
                        break;
            case SB_LINERIGHT: m_nGValue++;     //单击滚动条右边箭头
                        break;
            case SB_PAGELEFT: m_nGValue -= 10;
                        break;
            case SB_PAGERIGHT: m_nGValue += 10;
                        break;
            case SB_THUMBTRACK: m_nGValue = nPos;
                        break;
        }
        if(m_nGValue<0)    m_nGValue = 0;
        if(m_nGValue>255)  m_nGValue = 255;
        m_sbGValue.SetScrollPos(m_nGValue);
        DrawHatch();
    }
    CDialogEx::OnHScroll(nSBCode, nPos, pScrollBar);
}
```

(7) 编译运行,结果如前面图 3.8(a)所示。

3.3 管理学生的个人信息

设计一个学生个人信息管理对话框应用程序 Ex_Person，如图 3.10(a)所示。单击"添加"按钮，弹出"学生个人信息"对话框，如图 3.10(b)所示，从中可以填写姓名、学号、性别、出生(日期)、电话、地址等信息，且可以调入照片，填完后，单击"确定"按钮，信息添加到列表控件中。单击"修改"按钮，则仍弹出"学生个人信息"对话框，单击"确定"按钮，当前信息被修改(包括照片)。单击"删除"按钮，则删除该记录。需要说明的是，当列表框没有记录或没有选定的记录项时，则"修改"和"删除"按钮是灰显的。

具体实验(实训)过程如下。

（1）设计主对话框。

（2）添加并设计个人信息对话框。

（3）完善个人信息操作。

(a)   (b)

图 3.10 Ex_Person 运行结果

3.3.1 设计主对话框

具体步骤如下。

（1）选择"文件"→"关闭解决方案"菜单命令，关闭原来的项目。

（2）选择"文件"→"新建"→"项目"菜单命令或按快捷键 Ctrl＋Shift＋N 或单击顶层菜单下的标准工具栏中的 按钮，弹出"新建项目"对话框。保留默认选项，直接在"名称"编辑框中输入名称"Ex_Person"。

（3）单击 确定 按钮，出现"MFC 应用程序向导"欢迎页面，单击 下一步＞ 按钮，出现"应用程序类型"页面。选中"基于对话框"应用程序类型，此时右侧的"项目类型"自动选定为"MFC 标准"，取消勾选"使用 Unicode 库"复选框。

（4）保留默认选项，单击 完成 按钮，系统开始创建，并又回到了 Visual C＋＋ 主界面，同时还自动打开对话框资源(模板)编辑器。将项目工作区切窗口换到"解决方案管理器"页面，打开 stdafx.h 文档，添加 CImage 类的头文件包含（#include ＜atlimage.h＞），同时滚动到最后代码行,将"♯ifdef _UNICODE"和最后一行的"♯endif"删除(注释掉)。

(5) 将文档窗口切换到对话框资源模板页面,删除"TODO:在此 xx"静态文本控件和"取消"按钮。将对话框 Caption(标题)属性改为"学生个人信息管理",将"确定"按钮 Caption(标题)属性改为"退出"。

(6) 单击对话框编辑器上的"网格切换"按钮,显示模板网格。调整对话框大小(调为 323×191px),并将"退出"移至对话框的右下角。参看图 3.10(a)控件布局为主对话框添加如表 3.4 所示的一些控件。

(7) 右击列表控件 IDC_LIST1,从弹出的快捷菜单中选择"添加变量"命令,弹出"添加成员变量向导"对话框,在"变量名"框中输入"m_dataList",保留其他默认选项,单击 完成 按钮。

表 3.4 主对话框添加的控件

添加的控件	ID	标题	其他属性
列表控件	IDC_LIST1	—	View:Report,其余默认
按钮	IDC_BUTTON_ADD	添加	默认
按钮	IDC_BUTTON_CHANGE	修改	默认
按钮	IDC_BUTTON_DEL	删除	默认

3.3.2 添加并设计个人信息对话框

具体步骤如下。

(1) 在项目工作区窗口当前页面中,选中根结点 Ex_Person,然后选择"项目"→"添加资源"菜单命令,打开"添加资源"对话框,选中 Dialog,单击 新建(N) 按钮,系统就会自动为当前应用程序项目添加一个对话框资源。

(2) 保留默认的对话框资源 ID,在对话框资源模板的空白区域(没有其他元素或控件)内双击鼠标,或选择"项目"→"添加类"命令,弹出"MFC 添加类向导"对话框。在"类名"框输入类名"COneDlg"(注意要以"C"字母开头,以保持与 Visual C++ 标识符命名规则一致),如图 3.11 所示,保留其他默认选项,单击 完成 按钮。

(3) 将文档窗口切换到刚添加的对话框资源模板页面,单击对话框编辑器上的"网格切换"按钮,显示模板网格。将对话框 Caption(标题)属性改为"学生个人信息",调整对话框大小(调为 226×177px),将"确定"和"取消"按钮移至对话框的下方,参看图 3.12 控件布局添加如表 3.5 所示的一些控件并微调。

(4) 选择"项目"→"类向导"菜单或按快捷键 Ctrl+Shift+X,弹出"MFC 类向导"对话框。查看"类名"组合框中是否已选择了 COneDlg,切换到"成员变量"页面。在"控件变量"列表中,选中所需的控件 ID,双击鼠标或单击 添加变量(A)... 按钮。依次为表 3.6 控件增加成员变量。单击 确定 按钮,退出"MFC 类向导"对话框。

图 3.11 添加对话框并创建类

图 3.12 设计的"学生个人信息"对话框

表 3.5 "学生个人信息"对话框添加的控件

添加的控件	ID	标题	其他属性
静态文本	IDC_STATIC_PHOTO	照片	Sunken
按钮	IDC_BUTTON_LOAD	调入	默认
编辑框(姓名)	IDC_EDIT_NAME	—	默认
编辑框(学号)	IDC_EDIT_NO	—	默认
单选按钮(男)	IDC_RADIO_MALE	男	默认
单选按钮(女)	IDC_RADIO_FEMALE	女	默认
日期时间拾取器	IDC_DATETIMEPICKER1	—	默认
编辑框(电话)	IDC_EDIT_PHONE	—	默认
编辑框(地址)	IDC_EDIT_ADDRESS	—	默认

表 3.6　控件变量

控件 ID	变量类别	变量类型	变量名	范围和大小
IDC_EDIT_NAME	Value	CString	m_strName	20
IDC_EDIT_NO	Value	CString	m_strNo	20
IDC_DATETIMEPICKER1	Value	CTime	m_tBirth	—
IDC_EDIT_PHONE	Value	CString	m_strPhone	25
IDC_EDIT_ADDRESS	Value	CString	m_strAddress	150

（5）使用"添加成员变量向导"为 COneDlg 类添加一个 bool 型成员变量 m_bMale 以及 CString 成员变量 m_strPhotoPath。在 COneDlg 类构造函数中修改并添加下列代码。

```
COneDlg::COneDlg(CWnd* pParent/*=NULL*/)
    : CDialogEx(COneDlg::IDD, pParent)
    , m_bMale(true)
{
    m_strPhotoPath   = _T("");
    m_strName        = _T("李明");
    m_strNo          = _T("20210501");
    m_strPhone       = _T("");
    m_strAddress     = _T("");
    m_tBirth         = CTime(2003, 1, 1, 0, 0, 0);
}
```

（6）打开 COneDlg 类"属性"窗口，在"重写"页面中为其添加 WM_INITDIALOG 消息的虚函数重写 OnInitDialog()，并添加下列代码。

```
BOOL COneDlg::OnInitDialog()
{
    CDialogEx::OnInitDialog();
    //TODO: 在此添加额外的初始化
    if(m_bMale)
        CheckRadioButton(IDC_RADIO_MALE, IDC_RADIO_FEMALE,
                IDC_RADIO_MALE);
    else
        CheckRadioButton(IDC_RADIO_MALE, IDC_RADIO_FEMALE,
                IDC_RADIO_FEMALE);
    UpdateData(FALSE);
    return TRUE; //return TRUE unless you set the focus to a control
    //异常：OCX 属性页应返回 FALSE
}
```

（7）将文档窗口切换到对话框资源页面，右击"男"单选按钮，从弹出的快捷菜单中选择

"添加事件处理程序"命令,弹出"事件处理程序向导"对话框,保留默认选项,单击 添加编辑(A) 按钮,退出向导对话框。这样,就为 COneDlg 类添加了 IDC_RADIO_MALE 单选按钮的 BN_CLICKED 消息的默认映射函数,添加下列代码。

```
void COneDlg::OnBnClickedRadioMale()
{
    m_bMale = TRUE;
}
```

(8) 类似地,为单选按钮 IDC_RADIO_FEMALE 添加 BN_CLICKED 的默认消息映射函数,并添加下列代码。

```
void COneDlg::OnBnClickedRadioFemale()
{
    m_bMale =FALSE;
}
```

(9) 同样,为按钮 IDC_BUTTON_LOAD 添加 BN_CLICKED 的默认消息映射函数,并增加下列代码。

```
void COneDlg::OnBnClickedButtonLoad()
{
    //TODO: 在此添加控件通知处理程序代码
    CString strFilter;
    CSimpleArray<GUID> aguidFileTypes;
    HRESULT hResult;
    //获取 CImage 支持的图像文件的过滤字符串
    hResult =CImage::GetExporterFilterString(strFilter,aguidFileTypes,
                 "所有图像文件");
    if(FAILED(hResult)) {
        MessageBox("GetExporterFilter 调用失败!");
        return;
    }
    CFileDialog dlg(TRUE, NULL, NULL, OFN_FILEMUSTEXIST, strFilter);
    if(IDOK != dlg.DoModal())     return;
    m_strPhotoPath     = dlg.GetPathName();
    Invalidate();
}
```

(10) 为按钮 IDOK 添加 BN_CLICKED 的默认消息映射函数,并增加下列代码。

```
void COneDlg::OnBnClickedOk()
{
```

```
    UpdateData();
    m_strName.TrimLeft();
    m_strNo.TrimLeft();
    if(m_strName.IsEmpty())
        MessageBox("必须要有姓名!");
    else if(m_strNo.IsEmpty())
        MessageBox("必须要有学号!");
    else
        CDialogEx::OnOK();
}
```

(11) 在 COneDlg 类"属性"窗口的"消息"页面中，为其添加 WM_PAINT 消息的默认映射函数，并添加下列代码。

```
void COneDlg::OnPaint()
{
    CPaintDC dc(this);//device context for painting
    if(m_strPhotoPath.IsEmpty())       return;
    CImage    imagePhoto;
    HRESULT hResult    = imagePhoto.Load(m_strPhotoPath);
    if(FAILED(hResult))             return;
    //这里来显示
    CWnd *    pWnd     = GetDlgItem(IDC_STATIC_PHOTO);
    pWnd->UpdateWindow();
    CDC *    pDC      = pWnd->GetDC();      //获得窗口当前的设备环境指针
    CRect rcClient;
    pWnd->GetClientRect(rcClient);              //获取当前控件的客户区大小
    if(!imagePhoto.IsNull()) {
        imagePhoto.Draw(pDC->m_hDC, rcClient);
    }
}
```

(12) 编译并运行。

3.3.3 完善个人信息操作

具体步骤如下。

(1) 在 CEx_PersonDlg∷OnInitDialog()函数中添加设置列表控件标题头代码以及按钮的初始状态。

```
BOOL CEx_PersonDlg::OnInitDialog()
{
    CDialogEx::OnInitDialog();
```

```
...
//TODO: 在此添加额外的初始化代码
//创建列表控件的标题头
CString strHeader[]={ "姓名", "学号", "性别", "出生日期",
                     "联系电话", "联系地址"};
int nHeaderWidth[]={ 80, 80, 40, 100, 100, 200 };
for(int nCol=0; nCol<6; nCol++)
    m_dataList.InsertColumn(nCol,strHeader[nCol],
                LVCFMT_LEFT, nHeaderWidth[nCol]);
GetDlgItem(IDC_BUTTON_CHANGE)->EnableWindow(FALSE);
GetDlgItem(IDC_BUTTON_DEL)->EnableWindow(FALSE);
return TRUE; //除非将焦点设置到控件,否则返回 TRUE
}
```

（2）使用"添加成员函数向导"为 CEx_PersonDlg 添加处理照片文件的函数,其实现代码如下。

```
bool CEx_PersonDlg::ToAddStuPhoto(CString strPhotoPath, CString strStuNO)
{
    //将照片按学号命名并以 jpg 格式保存在当前目录下
    if(strPhotoPath.IsEmpty())   return false;
    CImage   imagePhoto;
    HRESULT hResult = imagePhoto.Load(strPhotoPath);
    if(FAILED(hResult)){
        MessageBox("照片无法调入!");               return false;
    }
    CString strPath;
    strPath.Format("%s.jpg", strStuNO);
    hResult = imagePhoto.Save(strPath);
    if(FAILED(hResult)){
        MessageBox("保存照片文件失败!!");           return false;
    }
    return true;
}
```

（3）为 CEx_PersonDlg 的按钮 IDC_BUTTON_ADD 添加 BN_CLICKED"事件"的消息映射,保留默认的映射函数名,并添加下列代码。

```
void CEx_PersonDlg::OnBnClickedButtonAdd()
{
    COneDlg dlg;
    if(IDOK != dlg.DoModal()) return;
    //根据学号来判断学生基本信息是不是已经添加过
```

```
LVFINDINFO info;
info.flags = LVFI_PARTIAL|LVFI_STRING;
info.psz = dlg.m_strNo;
if(m_dataList.FindItem(&info) != -1)        //若找到
{
    CString str;
    str.Format("学号为%s的学生个人信息已添加过!", dlg.m_strNo);
    MessageBox(str);
    return;
}
//添加学生基本信息
int nIndex = m_dataList.InsertItem(m_dataList.GetItemCount(),
                                    dlg.m_strName);
m_dataList.SetItemText(nIndex, 1, dlg.m_strNo);
if(dlg.m_bMale)
    m_dataList.SetItemText(nIndex, 2, "男");
else
    m_dataList.SetItemText(nIndex, 2, "女");
m_dataList.SetItemText(nIndex, 3, dlg.m_tBirth.Format("%Y-%m-%d"));
m_dataList.SetItemText(nIndex, 4, dlg.m_strPhone);
m_dataList.SetItemText(nIndex, 5, dlg.m_strAddress);
m_dataList.SetItemData(nIndex, 0);
if(ToAddStuPhoto(dlg.m_strPhotoPath, dlg.m_strNo))
    m_dataList.SetItemData(nIndex, 1);
}
```

（4）为 CEx_PersonDlg 的按钮 IDC_BUTTON_CHANGE 添加 BN_CLICKED"事件"的消息映射，保留默认的映射函数名，并添加下列代码。

```
void CEx_PersonDlg::OnBnClickedButtonChange()
{
    //获取被选择的列表项索引号
    POSITION pos;
    pos = m_dataList.GetFirstSelectedItemPosition();
    if(pos == NULL){
        MessageBox("还没有选中列表项!");           return;
    }
    int nItem = m_dataList.GetNextSelectedItem(pos);

    COneDlg dlg;
    dlg.m_strName  = m_dataList.GetItemText(nItem, 0);
    dlg.m_strNo    = m_dataList.GetItemText(nItem, 1);

    CString strMale = m_dataList.GetItemText(nItem, 2);
```

```
strMale.TrimLeft();
strMale.TrimRight();
if(strMale == "男") dlg.m_bMale = TRUE;
else dlg.m_bMale = FALSE;
CString strDate = m_dataList.GetItemText(nItem, 3);
//将文本转换成日期
COleDateTime    odtData;
odtData.ParseDateTime(strDate, VAR_DATEVALUEONLY);
SYSTEMTIME       sysTime;
odtData.GetAsSystemTime(sysTime);
dlg.m_tBirth    = CTime(sysTime);
dlg.m_strPhone = m_dataList.GetItemText(nItem, 4);
dlg.m_strAddress = m_dataList.GetItemText(nItem, 5);
CString strPath = "";
if(m_dataList.GetItemData(nItem)>0)    {
    dlg.m_strNo.Trim();
    dlg.m_strPhotoPath.Format("%s.jpg", dlg.m_strNo);
    strPath       =dlg.m_strPhotoPath;
}
if(IDOK !=dlg.DoModal()) return;

m_dataList.SetItemText(nItem, 0, dlg.m_strName);
m_dataList.SetItemText(nItem, 1, dlg.m_strNo);
if(dlg.m_bMale)
    m_dataList.SetItemText(nItem, 2, "男");
else
    m_dataList.SetItemText(nItem, 2, "女");
m_dataList.SetItemText(nItem, 3, dlg.m_tBirth.Format("%Y-%m-%d"));
m_dataList.SetItemText(nItem, 4, dlg.m_strPhone);
m_dataList.SetItemText(nItem, 5, dlg.m_strAddress);
dlg.m_strPhotoPath.Trim();
if(dlg.m_strPhotoPath.IsEmpty())    return;
//不同的照片或者上一次没有
if((strPath.IsEmpty()) || (dlg.m_strPhotoPath.Find(strPath)<0))
{
    dlg.m_strNo.Trim();
    if(ToAddStuPhoto(dlg.m_strPhotoPath, dlg.m_strNo))
        m_dataList.SetItemData(nItem, 1);
}
}
```

（5）为 CEx_PersonDlg 的按钮 IDC_BUTTON_DEL 添加 BN_CLICKED"事件"的消息映射，保留默认的映射函数名，并添加下列代码。

```cpp
void CEx_PersonDlg::OnBnClickedButtonDel()
{
    //获取被选择的列表项索引号
    POSITION pos;
    pos = m_dataList.GetFirstSelectedItemPosition();
    if(pos == NULL){
        MessageBox("还没有选中列表项!");          return;
    }
    int nItem = m_dataList.GetNextSelectedItem(pos);
    if(IDYES == MessageBox("确实要删除吗?", "警告",
                            MB_ICONWARNING | MB_YESNO))
    {
        m_dataList.DeleteItem(nItem);
    }
}
```

（6）为 CEx_PersonDlg 的列表控件 IDC_LIST1 添加 LVN_ITEMCHANGED"事件"的消息映射，保留默认的映射函数名，并添加下列代码。

```cpp
void CEx_PersonDlg::OnLvnItemchangedList1(NMHDR * pNMHDR, LRESULT * pResult)
{
    LPNMLISTVIEW pNMLV = reinterpret_cast<LPNMLISTVIEW>(pNMHDR);
    //TODO: 在此添加控件通知处理程序代码
    POSITION pos;
    pos = m_dataList.GetFirstSelectedItemPosition();
    if(pos == NULL){
        GetDlgItem(IDC_BUTTON_CHANGE)->EnableWindow(FALSE);
        GetDlgItem(IDC_BUTTON_DEL)->EnableWindow(FALSE);
    } else    {
        GetDlgItem(IDC_BUTTON_CHANGE)->EnableWindow(TRUE);
        GetDlgItem(IDC_BUTTON_DEL)->EnableWindow(TRUE);
    }
    * pResult = 0;
}
```

（7）在文件 Ex_PersonDlg.cpp 的前面添加 COneDlg 类的头文件包含指令。

```cpp
#include "Ex_PersonDlg.h"
#include "afxdialogex.h"
#include "OneDlg.h"
```

（8）编译运行并测试。

3.4 常见问题处理

（1）如何使用"添加成员变量向导"？

解答

① 在项目工作区窗口"类视图"页面中，选中要添加的类结点，然后右击该结点，从弹出的快捷菜单中选择"添加"→"添加变量"命令，或选择"项目"→"添加变量"菜单命令。

② 弹出"添加成员变量向导"对话框，从中可指定访问类型、变量类型和变量名。其中，访问类型只能从 public、protected 和 private 中选其一，变量类型可以选定，也可直接输入其他类型。单击 完成 按钮，完成成员变量的添加。

（2）为什么在"项目"菜单下找不到"添加资源"子菜单项？

解答

开发环境会根据当前上下文的操作对菜单进行改变。当在项目工作区窗口的任何页面中，选中结点树中最上面的项目根结点，则"项目"菜单下就出现了"添加资源"子菜单项。

（3）数值与字符串如何相互转换？

解答

① 将字符串使用 atof、atoi 和 atol 可将其转换成 double、int 和 long 型数值。

② 使用 CString 类的 Format() 格式函数，通过指定格式字符串，可将数值类型转换成字符串。

（4）如何遍历对话框中某类型的控件？

解答

用 CWnd::GetWindow() 和 CWnd::GetNextWindow() 来完成，如下面的代码是用来遍历当前窗口（对话框）中所有的编辑框控件。

```
CWnd    * pWnd;
pWnd    =GetWindow(GW_CHILD);
while   (pWnd!=NULL)
{
   if(pWnd->IsKindOf(RUNTIME_CLASS(CEdit)))
       pWnd->EnableWindow(false);
   pWnd    = pWnd->GetNextWindow();
}
```

思考与练习

（1）在"简单计算器与功能扩展"对话框中，若还有优先级较高的"("和")"运算符按钮，则如何实现？输入的字符串如何解析？

（2）在"学生个人信息"对话框中，如何将调入的照片图像按原来的比例显示在静态文本控件中？

（3）如何使列表控件的报表视图带有网格，且选择时是选定整个一行？

EXPERIMENT 实验 4
功能区和状态栏

自 2007 年起，Visual Studio 应用程序菜单和工具栏的经典界面已被顶部大矩形区域"功能区"(Ribbon)所代替，它是应用程序的控制中心，所有命令均集中于此。一个"功能区"常常包含标题栏、圆形主按钮、快速访问工具栏及面板式选项卡。

在 Visual Studio 2010 的 MFC 中，与 Ribbon(功能区)相关的类名均以 CMFCRibbon 开头。其中，CMFCRibbonBar 和 CMFCRibbonStatusBar 分别封装了"功能区"面板和状态栏操作；它们同时也是构成主框架窗口的组成部分，许多菜单命令、图标按钮和状态窗格的命令消息的映射函数往往都添加在用户框架类 CMainFrame 中。CMainFrame 与文档、视图类一起构成典型的文档应用程序框架。

本实验(实训)将制作一个较为简单有"功能区"的"字处理"应用程序 Ex_Word，整个框架是以 MFC 中的 CRichEditCtrl 为内嵌的 CRichEditDOC / CRichEditView 结构。这样，就可以忽略字处理本身的种种问题，而注重于其功能区和状态栏的界面设计及其功能的实现。同时，以此为例来操作 Visual C++ 简单调试的功能。

实验目的

- 熟悉"功能区"面板及其上控件的编辑和设置。
- 学会添加命令消息的默认处理。
- 熟悉快捷键资源的编辑，学会设置与图标按钮的联动。
- 熟悉状态栏的设置和编程。
- 学会使用 Visual C++ 的基本调试方法。

实验内容

- 设计"段落"面板。
- 设计"字体"面板。
- 状态栏的设置和编程。
- 简单调试。

实验准备和说明

- 具备知识：菜单、工具栏和状态栏(教程第 4 章)，文档视图结构(教程 5.5 节)。
- 构思并准备上机所需要的程序 Ex_Word。

- 创建本实验(实训)的工作文件夹"D:\Visual C++ 程序\LiMing\4"。

4.1 设计"段落"面板

用"MFC 应用程序向导"创建的基于功能区(Ribbon)的"字处理"应用程序 Ex_Word，其框架集成了"写字板"大部分功能，并且可以直接使用。只不过，框架中的功能区和状态栏需要添加并实现其功能，最主要的是"字体"和"段落"面板功能，这里先来设计"段落"面板并实现其功能，如图 4.1 所示，具体的实验(实训)过程如下。

(1) 基于功能区的 CRichEditView 框架。
(2) 设计"段落"面板。
(3) 映射和更新命令。
(4) 快捷菜单和快捷键。

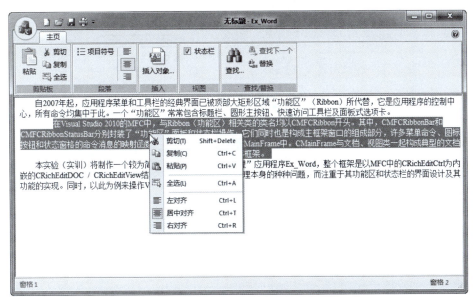

图 4.1 设计的"段落"面板及其功能

4.1.1 基于功能区的 CRichEditView 框架

具体步骤如下。
(1) 启动 Microsoft Visual Studio 2010。
(2) 选择"文件"→"新建"→"项目"菜单命令或按快捷键 Ctrl+Shift+N 或单击顶层菜单下的标准工具栏中的 按钮，弹出"新建项目"对话框。在"已安装的模板"栏下选中 Visual C++ 下的 MFC 结点，在中间的模板栏中选中 MFC 应用程序 。
(3) 单击"位置"编辑框右侧的"浏览"按钮 浏览(B)... ，从弹出的"项目位置"对话框中指定项目所在的文件夹 计算机 ▶ 本地磁盘 (D:) ▶ Visual C++程序 ▶ LiMing ▶ 4 ，单击 选择文件夹 按钮，回到"新建项目"对话框中。
(4) 在"新建项目"对话框的"名称"编辑框中输入名称"Ex_Word"。同时，要取消勾选

"为解决方案创建目录"复选框。

（5）单击 确定 按钮，出现"MFC 应用程序向导"欢迎页面，单击 下一步> 按钮，出现"应用程序类型"页面。选中"单个文档"应用程序类型，取消勾选"使用 Unicode 库"复选框，选中右侧的"项目类型"的"MFC 标准"，取消勾选"启用视觉样式切换"复选框，如图 4.2 所示。单击左侧"用户界面功能"，选中"使用功能区"类型，如图 4.3 所示。

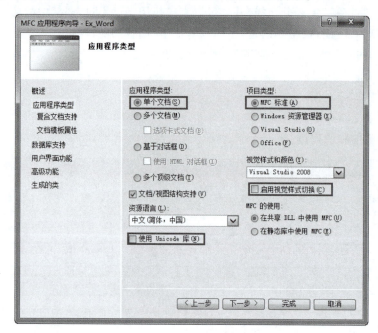

图 4.2　应用程序类型选择

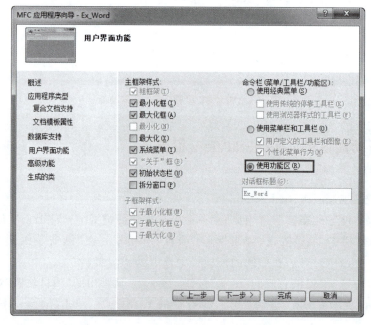

图 4.3　用户界面功能选择

(6) 单击左侧"生成的类",将 CEx_WordView 的基类选为 CRichEditView。保留其他默认选项,单击 完成 按钮,系统开始创建,并又回到了 Visual C++ 主界面。将项目工作区切窗口换到"解决方案管理器"页面,双击头文件结点 **stdafx.h**,打开 stdafx.h 文档,滚动到最后代码行,将"#ifdef _UNICODE"和最后一行的"#endif"删除(注释掉)。

(7) 编译运行并测试,复制一段文字后结果如图 4.4 所示。

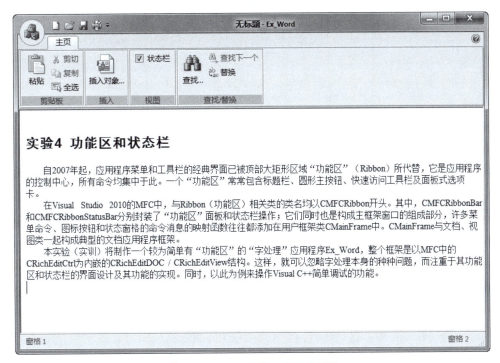

图 4.4 Ex_Word 第一次运行结果

4.1.2 设计"段落"面板

通过查看相似的应用程序可以看出,字处理程序中的"段落"面板通常含有缩进、行距、对齐方式、项目符号或编号以及弹出"段落"对话框等。为了简化设计,这里只将左对齐、居中、右对齐以及"圆点"项目符号功能放置在"段落"面板中,如图 4.1 所示。

具体步骤如下。

(1) 将项目工作区窗口切换到"资源视图"页面,展开所有结点,双击 Ribbon 结点下的 IDR_RIBBON,打开 Ribbon 资源编辑器,此时的工具箱包含可添加到功能区的元件,如图 4.5 所示。

(2) 在工具箱中选中 □ 面板,且按住鼠标左键,将其拖放到"剪贴板"和"插入"面板之间位置,则为功能区"主页"页面添加一个面板资源"面板 1"。

(3) 右击刚添加的"面板 1"资源,从弹出的快捷菜单中选择"属性"命令,出现其"属性"窗口,在该窗口中将 Caption(标题)属性改为"段落"。

(4) 由于功能区"主页"页面默认指定的大图标和小图标所在的位图资源分别是 IDB_WRITELARGE 和 IDB_WRITESMALL,所以先要将自己设计的图标添加进来。

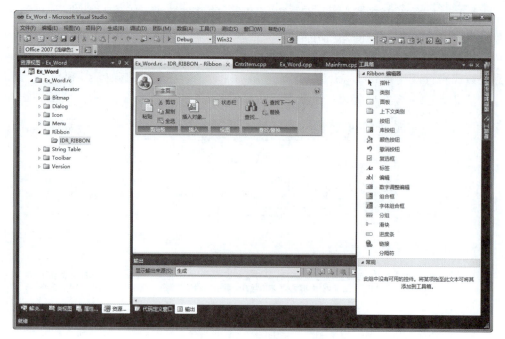

图 4.5　Ribbon 资源编辑

（5）双击 Bitmap 结点下的 IDB_WRITESMALL 结点，打开此 32 位图像资源，同时出现相应的图像编辑器。由于编辑器不支持 32 位颜色，故先在 IDB_WRITESMALL 的"属性"窗口中将 Colors 选为 24 位（但此时黑色透明 Alpha 通道被消除）。在位图中，每一个小图标均为 16×16px 大小。这里为"段落"面板指定的图板共 4 个，故将该位图拉宽 64px，这样总的宽度为 208px，添加的小图标如图 4.6 所示（一定要将黑色背景填充为面板背景色）。

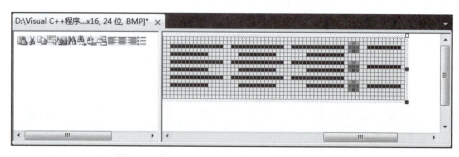

图 4.6　在 IDB_WRITESMALL 中添加的图标

（6）切换到 Ribbon 资源编辑器页面，向"段落"面板添加一个 按钮，在其"属性"窗口中指定 ID 属性为 ID_PARA_BULLET，Caption（标题）属性为"项目符号"，将 Image5Index 属性设为 12，或单击右侧的"浏览"按钮，从弹出的"图像集合"对话框中选择要指定的图标，如图 4.7 所示，然后单击 确定 按钮。

（7）先向"段落"面板"项目符号"按钮之后添加一个 分隔符，再添加 3 个 按钮，将 Caption（标题）属性值删除，将 ID 属性分别设为 ID_PARA_LEFT、ID_PARA_CENTER 和 ID_PARA_RIGHT，Image Index 属性设为 9、10 和 11。

图 4.7　为添加的按钮指定图标

（8）编译并运行，结果如图 4.8 所示。

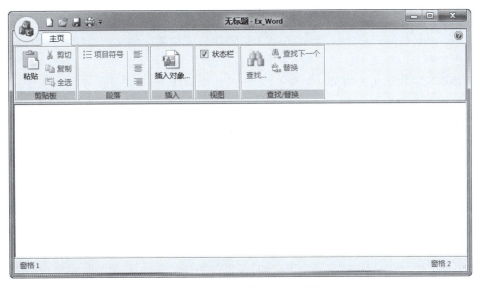

图 4.8　Ex_Word 第二次运行结果

4.1.3　映射和更新命令

由于 MFC 封装了 RichEdit 绝大多数功能，包括按钮命令 ID 的映射，所以前面添加的 ID_PARA_LEFT、ID_PARA_CENTER、ID_PARA_RIGHT 和 ID_PARA_BULLET 按钮命令消息的映射和更新可直接在 Ex_WordView.cpp 中添加下列代码即可。

```
IMPLEMENT_DYNCREATE(CEx_WordView, CRichEditView)
BEGIN_MESSAGE_MAP(CEx_WordView, CRichEditView)
    ON_WM_DESTROY()
    //标准打印命令
    ON_COMMAND(ID_FILE_PRINT, &CRichEditView::OnFilePrint)
    ON_COMMAND(ID_FILE_PRINT_DIRECT, &CRichEditView::OnFilePrint)
    ON_COMMAND(ID_FILE_PRINT_PREVIEW, &CEx_WordView::OnFilePrintPreview)
    ON_COMMAND(ID_PARA_BULLET, CRichEditView::OnBullet)
    ON_UPDATE_COMMAND_UI(ID_PARA_BULLET, CRichEditView::OnUpdateBullet)
    ON_COMMAND(ID_PARA_LEFT, CRichEditView::OnParaLeft)
    ON_UPDATE_COMMAND_UI(ID_PARA_LEFT, CRichEditView::OnUpdateParaLeft)
    ON_COMMAND(ID_PARA_CENTER, CRichEditView::OnParaCenter)
    ON_UPDATE_COMMAND_UI(ID_PARA_CENTER,
                        CRichEditView::OnUpdateParaCenter)
    ON_COMMAND(ID_PARA_RIGHT, CRichEditView::OnParaRight)
    ON_UPDATE_COMMAND_UI(ID_PARA_RIGHT,
                        CRichEditView::OnUpdateParaRight)
    ON_WM_CONTEXTMENU()
    ON_WM_RBUTTONUP()
END_MESSAGE_MAP()
```

4.1.4 快捷菜单和加速键

在用"MFC 应用程序向导"创建的基于视觉样式或功能区的文档应用程序中，MFC 已为应用程序项目的视图类映射了在客户区右击鼠标的快捷菜单的功能。因此，只要将自己的快捷菜单项添加到相关的菜单资源中，并映射其菜单命令，则快捷菜单即可实现。同时，还可为快捷菜单添加加速键。

具体步骤如下。

（1）将项目工作区窗口切换到"资源视图"页面，展开结点，双击 Menu(菜单)下的 IDR_POPUP_EDIT 结点，打开"编辑"菜单资源。单击最下面的子菜单项空白位置，右击鼠标，从弹出的快捷菜单中选择"插入分隔符"命令。

（2）单击刚添加的分隔符下方的空白位置，再单击鼠标，进入菜单编辑状态，输入菜单项文本"左对齐"，右击该菜单项，从弹出的快捷菜单中选择"属性"命令。在出现的"属性"窗口中，将其 ID 属性选择为 ID_PARA_LEFT，如图 4.9 所示。

（3）类似地，在"左对齐"菜单项下添加"居中对齐"和"右对齐"两个菜单项，在其"属性"窗口中指定 ID 属性分别为 ID_PARA_CENTER 和 ID_PARA_RIGHT。

（4）编译运行并测试，结果如图 4.10 所示。

（5）双击 Accelerator(加速键)下的 IDR_MAINFRAME 项，出现加速键资源列表。单击加速键列表最下端的空行(或者右击加速键列表，从弹出的快捷菜单中选择"新建快捷键"命令)，一个新的默认的加速键资源添加完成。单击默认 ID，进入其编辑状态，单击右侧的下拉按钮，从中找到并选定 ID_PARA_LEFT。在该行的其他项上单击鼠标，退出编辑状态。

实验 4　功能区和状态栏

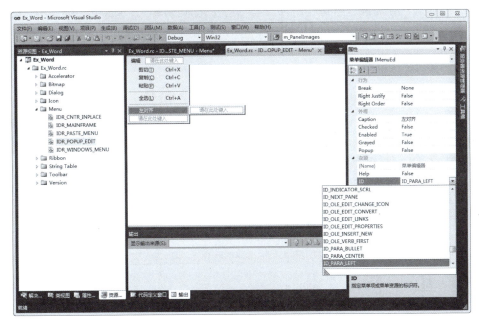

图 4.9　添加"左对齐"菜单项

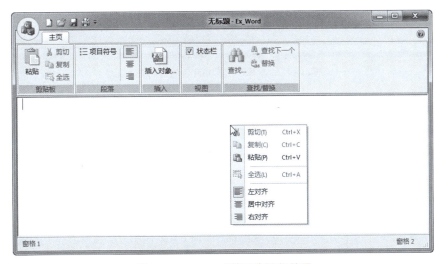

图 4.10　Ex_Word 第三次运行结果

（6）右击 ID_PARA_LEFT 加速键资源，从弹出的快捷菜单中选择"键入的下一个键"命令，弹出"捕获下一个键"对话框，按快捷键 Ctrl+L，对话框退出。这样，就为菜单项 ID_PARA_LEFT 定义了键盘加速键 Ctrl+L。

（7）类似地，为菜单项 ID_PARA_CENTER、ID_PARA_RIGHT 添加加速键 Ctrl+T、Ctrl+R。

（8）再次打开 IDR_POPUP_EDIT 菜单资源，将菜单项"左对齐""居中"和"右对齐"标题后面加上加速键的内容。例如，将 ID_PARA_LEFT 菜单项 Caption（标题）属性改为"左对齐\tCtrl+L"。

（9）编译运行并测试。若运行结果没有任何变化，则应运行"regedit"，进入注册表编辑区，找到 HKEY_CURRENT_USER\Software\应用程序向导生成的本地应用程序，删除里面的整个 Ex_Word 项，然后重新编译并运行。

4.2　设计"字体"面板

常见的"字体"格式包括字体样式、字体大小、颜色、加粗、斜体以及下画线等，这里将"字体"格式用"字体"面板来实现，如图 4.11 所示，具体的实验（实训）过程如下。

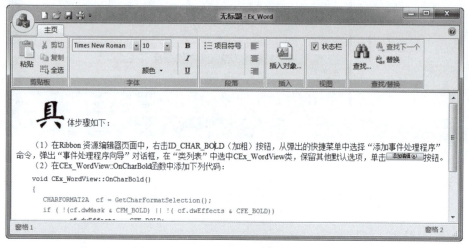

图 4.11　"字体"功能实现后的运行结果

（1）添加"字体"面板。
（2）映射元素消息。
（3）完善"字体"格式功能。

4.2.1　添加"字体"面板

具体步骤如下。

（1）将项目工作区窗口切换到"资源视图"页面，展开所有结点，双击 Ribbon 结点下的 IDR_RIBBON，打开 Ribbon 资源编辑器。

（2）在工具箱中将 面板 拖放到"剪贴板"和"段落"面板之间位置，添加了一个面板资源"面板 1"。右击此面板，从弹出的快捷菜单中选择"属性"命令，出现其"属性"窗口，在该窗口中将 Caption（标题）属性改为"字体"。

（3）在工具箱中将 字体组合框 拖放到"字体"面板中，在其"属性"窗口中，删除 Caption（标题）内容，将 ID 设为 ID_COMBO_FONT。

（4）随后向"字体"面板添加两个 按钮，在其"属性"窗口中，将 Caption（标题）属性值删除，保留其他默认选项（这两个按钮仅作布排作用）。

（5）在工具箱中将 组合框 拖放到"字体"面板中，在其"属性"窗口中，删除 Caption（标题）内容，将 ID 设为 ID_COMBO_SIZE，将 Width（宽度）属性设为 40。

(6) 随后向"字体"面板添加一个 ▢按钮，在其"属性"窗口中，将 Caption(标题)属性值删除，保留其他默认选项(这个按钮仅作布排作用)。

(7) 在工具箱中将 颜色按钮拖放到"字体"面板中，在其"属性"窗口中，将 Caption(标题)属性改为"颜色"，将 ID 设为 ID_BUTTON_COLOR。随后再添加一个 ▢按钮，在其"属性"窗口中，将 Caption(标题)属性值删除，保留其他默认选项。

(8) 打开 Bitmap 结点下的 IDB_WRITESMALL 位图资源，为"加粗""斜体"和"下画线"按钮添加小图标，每个图标的宽度和高度都是 16px，这样总的宽度为 256px，添加的三个小图标如图 4.12 所示。

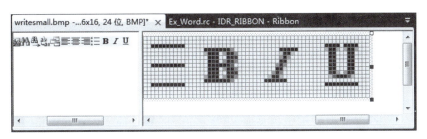

图 4.12 为"字体"面板添加的小图标

(9) 切换到 Ribbon 资源编辑器页面，向"字体"面板先添加一个 分隔符，再添加三个 ▢按钮，在其"属性"窗口中，将 Caption(标题)属性值删除，将 ID 属性分别设为 ID_CHAR_BOLD(加粗)、ID_CHAR_ITALIC(斜体)和 ID_CHAR_UNDERLINE(下画线)，Image Index 属性分别设为 13、14 和 15。

(10) 编译并运行，结果如图 4.13 所示。

图 4.13 "字体"面板设计后的运行结果

4.2.2 映射元素消息

具体步骤如下。

(1) 在 Ribbon 资源编辑器页面中，右击 ID_CHAR_BOLD(加粗)按钮，从弹出的快捷菜单中选择"添加事件处理程序"命令，弹出"事件处理程序向导"对话框，在"类列表"中选中 CEx_WordView 类，保留其他默认选项，单击 添加编辑(A) 按钮。

（2）在 CEx_WordView∷OnCharBold()函数中添加下列代码。

```
void CEx_WordView::OnCharBold()
{
    CHARFORMAT2A    cf = GetCharFormatSelection();
    if(!(cf.dwMask & CFM_BOLD) || !(cf.dwEffects & CFE_BOLD))
        cf.dwEffects    = CFE_BOLD;
    else
        cf.dwEffects    = 0;
    cf.dwMask   = CFM_BOLD;
    SetCharFormat(cf);
}
```

（3）切换到 Ribbon 资源编辑器页面，再次右击 ID_CHAR_BOLD(加粗)按钮，从弹出的快捷菜单中选择"添加事件处理程序"命令，弹出"事件处理程序向导"对话框，在"类列表"中选中 CEx_WordView 类，在"消息类型"中选中 UPDATE_COMMAND_UI 消息，保留其他默认选项，单击 添加编辑(A) 按钮。

（4）在 CEx_WordView∷OnUpdateCharBold()函数中添加下列代码。

```
void CEx_WordView::OnUpdateCharBold(CCmdUI * pCmdUI)
{
    OnUpdateCharEffect(pCmdUI, CFM_BOLD, CFE_BOLD);
}
```

（5）类似地，使用"事件处理程序向导"在 CEx_WordView 类中为 ID_CHAR_ITALIC（斜体）和 ID_CHAR_UNDERLINE（下画线）这两个按钮添加 UPDATE_COMMAND_UI 和 COMMAND 消息的默认映射函数，并添加下列代码。

```
void CEx_WordView::OnCharItalic()
{
    CHARFORMAT2A    cf = GetCharFormatSelection();
    if(!(cf.dwMask & CFM_ITALIC) || !(cf.dwEffects & CFE_ITALIC))
        cf.dwEffects    = CFE_ITALIC;
    else
        cf.dwEffects    = 0;
    cf.dwMask   = CFM_ITALIC;
    SetCharFormat(cf);
}
void CEx_WordView::OnUpdateCharItalic(CCmdUI * pCmdUI)
{
```

```
        OnUpdateCharEffect(pCmdUI, CFM_ITALIC, CFE_ITALIC);
}
void CEx_WordView::OnCharUnderline()
{
    CHARFORMAT2A    cf = GetCharFormatSelection();
    if(!(cf.dwMask & CFM_UNDERLINE) || !(cf.dwEffects & CFE_UNDERLINE))
        cf.dwEffects    = CFE_UNDERLINE;
    else
        cf.dwEffects    = 0;
    cf.dwMask       = CFM_UNDERLINE;
    SetCharFormat(cf);
}
void CEx_WordView::OnUpdateCharUnderline(CCmdUI * pCmdUI)
{
    OnUpdateCharEffect(pCmdUI, CFM_UNDERLINE, CFE_UNDERLINE);
}
```

4.2.3 完善"字体"格式功能

对于 Ribbon 面板中的按钮等元素，可以直接在 CEx_WordView 类中添加其 COMMAND 和 UPDATE_COMMAND_UI"事件"消息映射函数，但对于像下拉按钮、组合框等元素（控件），就先需要获取它们的类指针，然后才可操作。具体步骤如下。

（1）打开 MainFrm.h 并在 CMainFrame 类中添加下列几个 public 型的指针对象成员。

```
public:
    CMFCRibbonColorButton *         m_pColorBtn;
    CMFCRibbonComboBox *            m_pSizeCBox;
    CMFCRibbonFontComboBox *        m_pFontCBox;
```

（2）在 CMainFrame 类构造函数处将上述指针对象置为 NULL。同时，在 OnCreate() 函数的最后（return 语句之前）添加下列代码。

```
CMainFrame::CMainFrame()
{
    m_pColorBtn     = NULL;
    m_pSizeCBox     = NULL;
    m_pFontCBox     = NULL;
}
int CMainFrame::OnCreate(LPCREATESTRUCT lpCreateStruct)
{
    if(CFrameWndEx::OnCreate(lpCreateStruct) == -1)
        return -1;
    ...
```

```
EnableAutoHidePanes(CBRS_ALIGN_ANY);
m_pColorBtn       = DYNAMIC_DOWNCAST(CMFCRibbonColorButton,
    m_wndRibbonBar.FindByID(ID_BUTTON_COLOR));
m_pFontCBox       = DYNAMIC_DOWNCAST(CMFCRibbonFontComboBox,
    m_wndRibbonBar.FindByID(ID_COMBO_FONT));
m_pSizeCBox       = DYNAMIC_DOWNCAST(CMFCRibbonComboBox,
    m_wndRibbonBar.FindByID(ID_COMBO_SIZE));
//填充字体大小组合框
static int nFontSizes[] = {
    5,8,9,10,11,12,14,16,18,20,22,24,26,28,32,36,48,72};
CString strSize;
int         nCount    = sizeof(nFontSizes)/sizeof(int);
for(int i=0; i<nCount; i++)
{
    strSize.Format("%d", nFontSizes[i]);
    m_pSizeCBox->AddItem(strSize, nFontSizes[i]);
}
//设置下拉框的高度,事实上其高度在操作时是可改变的
m_pFontCBox->SetDropDownHeight(240);
m_pSizeCBox->SetDropDownHeight(240);
return 0;
}
```

（3）打开 Ex_WordView.h 并在 CEx_WordView 类中添加下列几个成员变量。

```
public:
    CString          m_strCurFontName;
    int              m_nCurFontSize;
    COLORREF         m_clCurTextColor;
```

（4）在 CEx_WordView::OnInitialUpdate()函数中添加设置字体及大小颜色的代码。

```
void CEx_WordView::OnInitialUpdate()
{
    CRichEditView::OnInitialUpdate();
    //设置打印边距(720 缇 = 1/2 英寸)
    SetMargins(CRect(720, 720, 720, 720));
    CMainFrame *      pFrame    = (CMainFrame *)AfxGetApp()->m_pMainWnd;
    //不同的操作系统下,宋体全名可能不一样
    int nIndex    = pFrame->m_pFontCBox->FindItem("宋体");
    if(nIndex>=0)
        pFrame->m_pFontCBox->SelectItem(nIndex);
    else
```

```
        pFrame->m_pFontCBox->SelectItem(0);

    pFrame->m_pSizeCBox->SelectItem("9");
    m_nCurFontSize    = 9;

    //获取当前选择的字体、大小并设置
    CHARFORMAT2A      cf;
    cf.cbSize         = sizeof(CHARFORMAT2A);
    cf.dwMask         = CFM_FACE;
    nIndex            = pFrame->m_pFontCBox->GetCurSel();
    m_strCurFontName  = pFrame->m_pFontCBox->GetFontDesc(nIndex)
                        ->m_strName;
    ::lstrcpy(cf.szFaceName, m_strCurFontName);
    SetCharFormat(cf);
    //大小
    cf.dwMask         = CFM_SIZE;
    cf.yHeight        = m_nCurFontSize * 20;      //转换成 twips
    SetCharFormat(cf);

    //去除格式
    cf.dwEffects      = 0;
    cf.dwMask         = CFM_BOLD | CFM_ITALIC | CFM_UNDERLINE;
    SetCharFormat(cf);

    //默认颜色
    m_clCurTextColor = RGB(0, 0, 0);
}
```

（5）在 Ex_WordView.cpp 文件的开始处添加下列头文件，代码如下。

```
#include "Ex_WordView.h"
#include "MainFrm.h"
```

（6）使用"添加成员函数向导"为 CEx_WordView 类添加一个通用更新命令 UI 函数 OnUpdateCmdUI()，如下面的代码。

```
void CEx_WordView::OnUpdateCmdUI(CCmdUI * pCmdUI, int nCmd)
{
    //nCmd =0是字体,1是大小,2是颜色
    CMainFrame *    pFrame    = (CMainFrame *)AfxGetApp()->m_pMainWnd;
    CRichEditCtrl &pCtrl      = GetRichEditCtrl();
    CHARFORMAT2A      cf;
    pCtrl.GetSelectionCharFormat(cf);

    if      (0 == nCmd)
```

```cpp
        {
            if(!(cf.dwMask & CFM_FACE))
                pCtrl.GetDefaultCharFormat(cf);
            //根据当前的字体名,更新当前的字体组合框选项
            CString strFaceName;
            strFaceName.Format("%s", cf.szFaceName);
            if(strFaceName != m_strCurFontName)
            {
                pFrame->m_pFontCBox->SelectItem(strFaceName);
                m_strCurFontName   = strFaceName;
            }
        }
        else if(1 == nCmd)
        {
            if(!(cf.dwMask & CFM_SIZE))
                pCtrl.GetDefaultCharFormat(cf);
            //根据当前的字体大小,更新当前的大小组合框选项
            int      nSize      = cf.yHeight/20;
            if(m_nCurFontSize != nSize)
            {
                CString strViewSize;
                strViewSize.Format("%d", nSize);
                pFrame->m_pSizeCBox->SelectItem(strViewSize);
                m_nCurFontSize = nSize;
            }
        }
        else
        {
            if(!(cf.dwMask & CFM_COLOR))
                pCtrl.GetDefaultCharFormat(cf);

            if(m_clCurTextColor != cf.crTextColor)
            {
                //颜色选项
                pFrame->m_pColorBtn->SetColor(cf.crTextColor);
                m_clCurTextColor    = cf.crTextColor;
            }
        }
    }
```

(7) 使用"事件处理程序向导"在 CEx_WordView 类中为 ID_COMBO_FONT(字体组合框)、ID_COMBO_SIZE(大小组合框)以及 ID_BUTTON_COLOR(颜色按钮)添加 COMMAND 和 UPDATE_COMMAND_UI 消息的默认映射函数,并添加下列代码。

```cpp
void CEx_WordView::OnComboFont()
{
    //TODO: 在此添加命令处理程序代码
    CMainFrame*       pFrame    =(CMainFrame*)AfxGetApp()->m_pMainWnd;
    int nCurSel       = pFrame->m_pFontCBox->GetCurSel();
    if(nCurSel<0)     return;
    CString    strName = pFrame->m_pFontCBox->GetFontDesc(nCurSel)
        ->m_strName;
    if(strName == m_strCurFontName)    return;
    m_strCurFontName= strName;

    CHARFORMAT2A    cf;
    cf.cbSize       = sizeof(CHARFORMAT2A);
    cf.dwMask       = CFM_FACE;
    ::lstrcpy(cf.szFaceName, m_strCurFontName);
    SetCharFormat(cf);
}
void CEx_WordView::OnUpdateComboFont(CCmdUI * pCmdUI)
{
    OnUpdateCmdUI(pCmdUI, 0);
}
void CEx_WordView::OnComboSize()
{
    CMainFrame*    pFrame    =(CMainFrame*)AfxGetApp()->m_pMainWnd;
    int nCurSel     = pFrame->m_pSizeCBox->GetCurSel();
    if(nCurSel<0)   return;

    int   nSize    = pFrame->m_pSizeCBox->GetItemData(nCurSel);
    if(m_nCurFontSize == nSize) return;

    m_nCurFontSize    = nSize;
    CHARFORMAT2A     cf;
    cf.cbSize        = sizeof(CHARFORMAT2A);
    cf.dwMask        = CFM_SIZE;
    cf.yHeight       = 20 * m_nCurFontSize;
    SetCharFormat(cf);
}
void CEx_WordView::OnUpdateComboSize(CCmdUI * pCmdUI)
{
    OnUpdateCmdUI(pCmdUI, 1);
}
void CEx_WordView::OnButtonColor()
{
    CMainFrame*    pFrame    =(CMainFrame*)AfxGetApp()->m_pMainWnd;
```

```
        if(m_clCurTextColor == pFrame->m_pColorBtn->GetColor())     return;
        m_clCurTextColor=pFrame->m_pColorBtn->GetColor();

        CHARFORMAT2A    cf;
        cf.cbSize          = sizeof(CHARFORMAT2A);
        cf.dwMask          = CFM_COLOR;
        cf.dwEffects       &= ~CFE_AUTOCOLOR;
        cf.crTextColor     = m_clCurTextColor;
        SetCharFormat(cf);
}
void CEx_WordView::OnUpdateButtonColor(CCmdUI * pCmdUI)
{
        OnUpdateCmdUI(pCmdUI, 2);
}
```

（8）编译运行并测试，结果如图 4.11 所示。

4.3 状态栏的设置和编程

在基于 Ribbon 的文档应用程序中，状态栏是由 CMFCRibbonStatusBar 来封装的，它是从 CMFCRibbonBar 派生而来，共同继承于 CPane 基类。对于一个常见的"字处理"应用程序来说，通常将当前行号、列号以及一些键（如 Caps Lock、Num Lock、Scroll Lock 以及 Ins 等）的状态显示在状态栏上，这里就来实现，如图 4.14 所示。

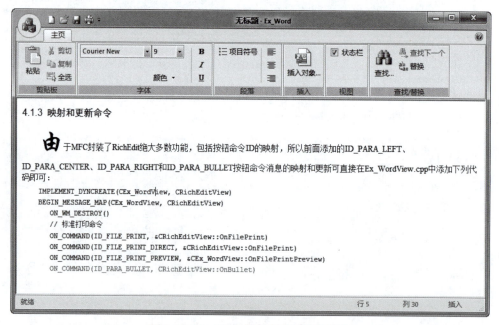

图 4.14 Ex_Word 最后完成的运行结果

具体的实验(实训)过程如下。

(1) 向状态栏中添加窗格。

(2) 显示行号和列号。

(3) 显示 Ins 键状态。

4.3.1 向状态栏中添加窗格

在状态栏中,凡是由 CMFCRibbonBaseElement 基类及其派生类创建的 Ribbon 元素均可添加进来作为状态栏的窗格,且每一个窗格的宽度可由其指定的字符串大小来确定。事实上,对于 Ribbon 状态栏的窗格操作可使用 Ribbon 按钮 CMFCRibbonButton 派生出来的 CMFCRibbonStatusBarPane 类来进行。下面为状态栏再添加两个窗格并做一些修改,具体步骤如下。

(1) 将项目工作区窗口切换到"资源视图"页面,展开所有结点,双击 String Table 结点下的 String Table,打开字符串表资源。

(2) 选中 IDS_STATUS_PANE1,单击其"标题"属性栏,进入编辑状态,将其内容修改为"就绪"。类似地,将 IDS_STATUS_PANE2"标题"内容修改为"行 99999999"。结果如图 4.15 所示。

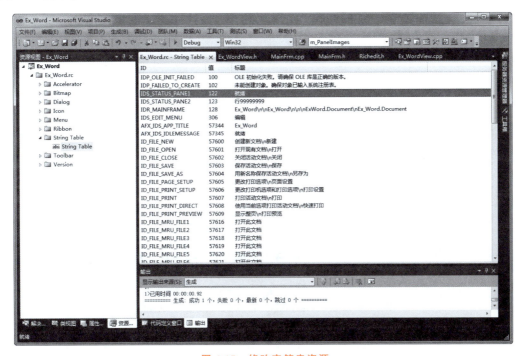

图 4.15 修改字符串资源

(3) 选择"编辑"→"资源符号"菜单命令,弹出"资源符号"对话框,单击 新建(N)... 按钮,弹出"新建符号"对话框,输入"名称"为"ID_STATUSBAR_PANE3",保留其默认"值",如图 4.16 所示,单击 确定 按钮。类似地,添加 ID_STATUSBAR_PANE4 资源符号。关闭"资源符号"对话框。

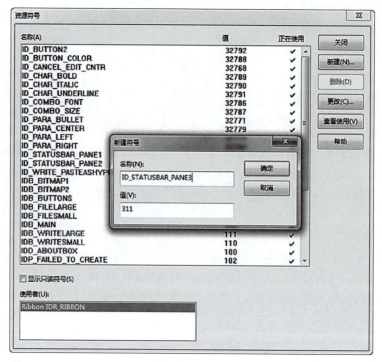

图 4.16　新建资源符号

（4）打开 MainFrm.h 并在 CMainFrame 类中添加下列几个 public 型的窗格对象指针。

```
public:
    CMFCRibbonColorButton*        m_pColorBtn;
    CMFCRibbonComboBox*           m_pSizeCBox;
    CMFCRibbonFontComboBox*       m_pFontCBox;
    CMFCRibbonStatusBarPane*      m_pRowPane;
    CMFCRibbonStatusBarPane*      m_pColPane;
    CMFCRibbonStatusBarPane*      m_pInsPane;
```

（5）在 CMainFrame∷OnCreate() 函数中添加并修改下列代码。

```
int CMainFrame::OnCreate(LPCREATESTRUCT lpCreateStruct)
{
    if(CFrameWndEx::OnCreate(lpCreateStruct) == -1)
        return -1;
    ...
    CString strTitlePane1;
    CString strTitlePane2;
    bNameValid = strTitlePane1.LoadString(IDS_STATUS_PANE1);
    ASSERT(bNameValid);
    bNameValid = strTitlePane2.LoadString(IDS_STATUS_PANE2);
    ASSERT(bNameValid);
```

```
            m_pRowPane = new CMFCRibbonStatusBarPane(ID_STATUSBAR_PANE2,
                             strTitlePane2, TRUE);
            m_pColPane = new CMFCRibbonStatusBarPane(ID_STATUSBAR_PANE3,
                             "列 99999999", TRUE);
            m_pInsPane = new CMFCRibbonStatusBarPane(ID_STATUSBAR_PANE4,
                             "键状态", TRUE);
            m_wndStatusBar.AddElement(new CMFCRibbonStatusBarPane(
                    ID_STATUSBAR_PANE1, strTitlePane1, TRUE), strTitlePane1);
            m_wndStatusBar.AddExtendedElement(m_pRowPane, strTitlePane2);
            m_wndStatusBar.AddExtendedElement(m_pColPane, "列");
            m_wndStatusBar.AddExtendedElement(m_pInsPane, "Ins");
            ...
            return 0;
        }
```

（6）编译运行，结果如图 4.17 所示。

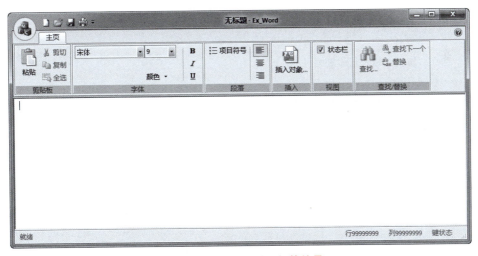

图 4.17　窗格添加后运行的结果

4.3.2　显示行号和列号

具体步骤如下。

（1）用"添加成员函数向导"向 CEx_WordView 类添加成员函数 DispCurPos()，其代码如下。

```
void CEx_WordView::DispCurPos(void)
{
    //获取当前的行号和列号
    CRichEditCtrl &pCtrl      = GetRichEditCtrl();
    CPoint ptCurCaret         = pCtrl.GetCaretPos();
    CPoint ptChar;
```

```
            int     nLineFirstIndex    = pCtrl.LineIndex();         //当前行的首字符索引号
            int     curColIndex        = nLineFirstIndex;
            int     nCurRow = 0, nCurCol = 0;
            //根据当前行的长度,获取当前插入符所在的列数
            for(int i=0; i<pCtrl.LineLength(); i++)
            {
                nCurCol   = i;
                ptChar    = pCtrl.GetCharPos(nLineFirstIndex);
                if(ptChar.x> = ptCurCaret.x)
                {
                    curColIndex=nLineFirstIndex;
                    break;
                }
                nLineFirstIndex++;
            }

            nCurRow       = pCtrl.LineFromChar(curColIndex);

            //在状态栏上显示行号和列号
            CString strRow, strCol;
            strRow.Format("行 %d", nCurRow+1);
            strCol.Format("列 %d", nCurCol+1);

            CMainFrame * pFrame     =(CMainFrame *)AfxGetApp()->m_pMainWnd;
                                                                //获得主窗口指针
            pFrame->m_pRowPane->SetText(strRow);
            pFrame->m_pRowPane->Redraw();              //一定要刷新
            pFrame->m_pColPane->SetText(strCol);
            pFrame->m_pColPane->Redraw();
        }
```

(2) 在 CEx_WordView 类"属性"窗口的"重写"页面中,为其添加 PreTranslateMessage() 虚函数重写(重载),并添加下列代码。

```
BOOL CEx_WordView::PreTranslateMessage(MSG * pMsg)
{
    DispCurPos();
    return CRichEditView::PreTranslateMessage(pMsg);
}
```

(3) 编译并运行。

4.3.3 显示 Ins 键状态

在一个常见的"字处理"中，输入状态有"插入"和"改写"两种模式。默认时，输入状态是"插入"模式，当按下 Ins 键后，输入状态变成"改写"模式，再次按下 Ins 键，又恢复到"插入"输入模式。获取当前键的状态除可以跟踪 WM_KEYDOWN 消息外，还可使用 GetKeyState()和 GetAsyncKeyState()来获取。这里，直接将显示 Ins 键状态的代码添加到 CEx_WordView 类添加成员函数 DispCurPos()中。

具体步骤如下。

（1）在 CEx_WordView∷DispCurPos()函数的最后添加下列代码。

```cpp
void CEx_WordView::DispCurPos(void)
{   ...
    pFrame->m_pRowPane->Redraw();
    pFrame->m_pColPane->SetText(strCol);
    pFrame->m_pColPane->Redraw();
    int nState = GetKeyState(VK_INSERT);
    if(nState>0)
        pFrame->m_pInsPane->SetText("改写");
    else
        pFrame->m_pInsPane->SetText("插入");
    pFrame->m_pInsPane->Redraw();
}
```

（2）编译运行并测试，结果如图 4.14 所示。

4.4 简 单 调 试

程序编译无错时，就可以运行程序。一旦程序在运行过程中发生错误，就需要进行调试，以便查找到产生错误的位置和原因，继而进行修改和优化。作为本次实验（实训）的内容，这里先对前面项目 Ex_Word 中的程序进行下列修改。

（1）定位到 CEx_WordView∷DispCurPos()函数处，将局部变量 nCurCol 的初值去掉，即：

```cpp
void CEx_WordView::DispCurPos(void)
{   ...
    int    nLineFirstIndex = pCtrl.LineIndex();    //当前行的首字符索引号
    int    curColIndex     = nLineFirstIndex;
    int    nCurRow = 0, nCurCol;
    //根据当前行的长度，获取当前插入符所在的列数
    ...
}
```

（2）编译运行后，弹出如图 4.18 所示的运行时错误的消息对话框，单击 中止(A) 按钮。

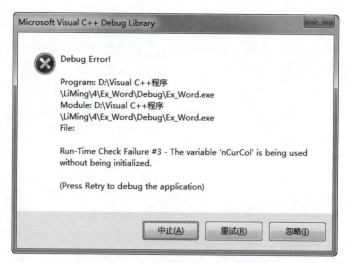

图 4.18 运行时错误的消息对话框

一旦出现这种运行时错误,就需要进行调试,其一般步骤如下。
(1) 设置断点。
(2) 控制程序运行。
(3) 查看和修改变量的值。

4.4.1 设置断点

一旦程序运行过程中发生错误,就需要设置断点分步进行查找和分析。所谓断点,实际上就是告诉调试器在何处暂时中断程序的运行,以便查看程序的状态以及浏览和修改变量的值等。不过,在设置断点之前,首先要保证程序中没有语法错误。设置断点的步骤如下。

(1) 定位到 CEx_WordView∷DispCurPos()函数中定义 nCurCol 的语句行,单击鼠标,使插入符处在该行上。

(2) 用下列方式之一设置断点,这样就会在定义 nCurCol 的语句行的最前面的前置区域(窗口页边距)中有一个深橘红色的实心圆点。

① 按快捷键 F9。

② 在需要设置断点的位置右击鼠标,在弹出的快捷菜单中选择"断点"→"插入断点"命令。

需要说明的是,若在断点所在的代码行中再使用上述快捷方式进行操作,则相应的位置断点被清除。若此时用快捷菜单方式进行操作,则"断点"子菜单项中还包含"删除断点"和"禁用断点"命令,当选择"禁用断点"命令后,相应的断点标志由原来深橘红色的实心圆变为空心圆。

4.4.2 控制程序运行

断点设定后,就可以选择"调试"→"启动调试"菜单命令或按快捷键 F5 来启动调试器了。

按 F5 快捷键启动调试器。此时,程序运行到定义 nCurCol 的语句代码行处就停顿下来,如图 4.19 所示,这是断点的作用。这时可看到断点标记里有一个小箭头,它指向即将执行的代码。

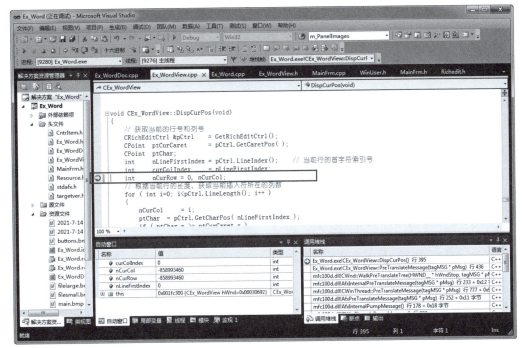

图 4.19　调试器启动

此时,调试器还有相应的"调试"工具栏和"调试"菜单,并可用以下几种方式来控制程序运行。

（1）选择"调试"→"逐语句"菜单命令或按快捷键 F11 或单击"调试"工具栏上按钮。调试器从中断处执行下一条语句,然后就会中断。

（2）选择"调试"→"逐过程"菜单命令或按快捷键 F10 或单击"调试"工具栏上按钮。这种方式和逐语句类似,但它不会进入到被调用程序的内部,而是把函数调用当作一条语句执行。

（3）选择"调试"→"跳出"菜单命令或按快捷键 Shift+F11 或单击"调试"工具栏上按钮。若当前中断位置位于被调用函数内部,该方式能继续执行代码直到函数返回,然后在调用函数中的返回点中断。

（4）在源代码文档窗口中右击鼠标,从弹出的快捷菜单中选择"运行到光标处"命令,则程序执行到光标所处的代码位置处中断,但如果在光标位置前存在断点,则程序执行首先会在断点处中断。

需要说明的是,调试器启动也可以有"逐语句""逐过程"和"运行到光标处"方式。其含义与上述基本相同,但对于"逐语句"方式,应用程序开始执行第一条语句,然后就会中断。若为控制台应用程序,它中断在 main() 函数体的第一个"{"位置处。"调试"工具栏各图标含义,如图 4.20 所示。

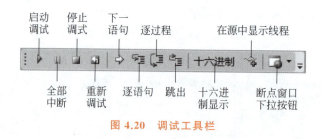

图 4.20 调试工具栏

4.4.3 查看和修改变量的值

为了更好地进行程序调试,调试器还提供一系列的窗口,用来显示各种不同的调试信息。这些窗口可借助"调试"→"窗口"菜单下的命令来访问,如图 4.21(a)所示,或者单击"调试"工具条上的"断点窗口下拉按钮",从弹出的下拉菜单中选择要显示的窗口,如图 4.21(b)所示。

(a)   (b)

图 4.21 调试器启动后可显示的窗口

事实上,调试器启动后,开发环境底部会自动显示出左右两组窗口标签页面,左侧的窗口有"自动窗口""局部变量""线程""模块"和"监视 1",右侧的窗口有"调用堆栈""断点"和"输出"等。

对于对象及变量值的查看和修改来说,通常可以使用"快速监视"对话框以及"监视""自动窗口"和"局部变量"这几个窗口。下面的步骤就来进一步使用这些窗口。

(1)调试器启动后,对于断点之前的对象及变量值,可以直接将鼠标移至要查的变量名(对象名)上,稍等片刻即可,如图 4.22 所示。

(2)按快捷键 F10 或单击"调试"工具栏上 按钮,执行该变量声明语句,进入 for 循环语句。可以看出,在"自动窗口"页面中不断有变量的值显示。

(3)继续按快捷键 F10 或单击"调试"工具栏上 按钮,流程直接跳过 for 循环语句,进入下一条语句,继续"逐过程"执行,一直到 strCol.Format 所在的语句为止。

(4)选择"调试"→"快速监视"命令或按快捷键 Shift+F9,将弹出如图 4.23 所示的"快速监视"对话框。在"表达式"框中输入"nCurCol",输入后按 Enter 键或单击 按

实验 4 功能区和状态栏 115

图 4.22 鼠标所在位置的变量查看

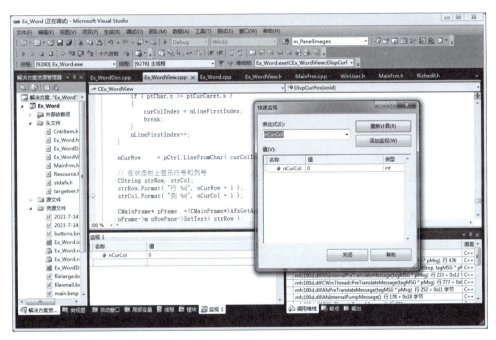

图 4.23 使用"快速监视"对话框

钮，就可在"当前值"列表中显示出 nCurCol 相应的"名称""值"和"类型"等内容。按 Tab 键或在列表项的"值"列中双击该值，输入 nCurCol 新值"0"后按 Enter 键。单击 添加监视(W) 按钮可将刚才输入的 nCurCol 及其值显示在"监视"窗口中。

（5）关闭"快速监视"对话框。继续"逐过程"执行，出现如图 4.24 所示的对话框，提示 nCurCol 没有初始化，单击 中断(B) 按钮，定位到 nCurCol 声明语句，将其初值置为 0。选择"调试"→"停止调试"菜单命令或单击"调试"工具栏（见图 4.20）上的按钮 停止调试或直接按快捷键 Shift＋F5,停止调试。

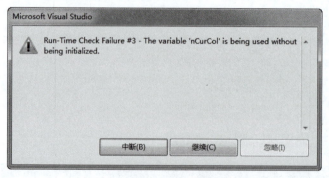

图 4.24　错误分析结果对话框

这就是简单调试的一般过程,归纳来说,就是这样的步骤:修正语法错误→设置断点→启用调试器→控制程序运行→查看和修改变量的值。

4.5　常见问题处理

(1) CString 与 char [] 之间如何转换？

解答

```
char str[10] ="str";
CString sstr ="sstr";
sstr.Format("%s",str);
strcpy(str,(LPCTSTR)sstr);
```

(2) 如何找到设置的断点？如何清除所有设置的断点？

解答

① 选择"调试"→"删除所有断点"菜单命令。

② 选择"调试"→"窗口"→"断点"菜单命令或直接按 Alt＋F9 快捷键,弹出"断点"窗口。该窗口列出了程序中用户设置的所有断点,凡是可以使用的断点前均有选中标记(√)。若用户单击前面的复选框,即未选中,则该断点被禁止。按钮 ✗、🗑 和 ▶ 分别用来清除当前选中的断点、删除或禁止全部断点。

思考与练习

(1) 为什么用新建资源 ID 来作为 Ex_Word 状态栏中的窗格对象 ID？这么做有什么好处？用字符串 ID 行不行？

(2) 为什么要设置断点？说出启动调试器和停止调试的一般方法。

EXPERIMENT 实验 5
框架窗口、文档和视图

在 MFC 中,框架窗口(CMainFrame)、文档(CDocument)和视图(CView)是构成文档应用程序的核心。框架窗口是文档和视图的容器。文档代表一个数据单元,用户可使用"文件"菜单中的"打开"和"保存"命令进行文档数据操作。视图是框架窗口的子窗口,它与文档紧密相联,是用户与文档之间的交互接口。同时,它们也是 MFC 极为重要的一种结构体系,这种结构体系使得程序中的数据与它的显示形式和用户交互分离开来,能较容易地满足单文档和多文档的框架结构的需要。

本实验(实训)中,Ex_Form 是用表单视图来进行学生的课程成绩管理的一个简单例程,但这次要用到 Visual Studio 2010 中 MFC 强大的 PropertyGrid(属性网格)控件。同时,为了能用列表视图来显示学生的课程成绩,还添加了"视图切换"功能。Ex_Look 是一个自制的简单资源浏览器的例程,其中还用到了切分窗口、文档和文件夹的本地查找以及 CImageList 类的使用等。

实验目的

- 了解使类可序列化的方法。
- 学会使用文档类机制存取数据。
- 熟悉不同视图类的创建和使用方法。
- 了解一档多视切换的实现方法。
- 熟悉文档视图结构,学会切分窗口的使用方法。

实验内容

- 表单 Ex_Form。
- 视图切换。
- 切分窗口。

实验准备和说明

- 具备知识:框架窗口、文档和视图(教程第 5 章)。
- 构思并准备上机所需要的程序 Ex_Form、Ex_Look。
- 创建本实验(实训)的工作文件夹"D:\Visual C++ 程序\LiMing\5"。

5.1 表单 Ex_Form

表单视图实质上是将对话框(资源)模板机制应用在视图中,这样就可通过表单视图应用程序 Ex_Forn 对课程成绩进行管理,如图 5.1 所示。单击"添加"按钮,则从后台存储空间中添加数据,同时显示在表单的列表框中。单击"删除"按钮,则从后台存储空间中删除数据,同时在表单中的列表框选项也被删除。单击"刷新"按钮,则将后台存储空间中的数据重新显示在表单的列表框中。当关闭程序后,若后台存储空间中的数据被更改,则还提示一个消息对话框用来是否将数据存储到文档中。若选择"文件"→"打开"菜单项,则还能从外部文件中调用课程成绩数据。

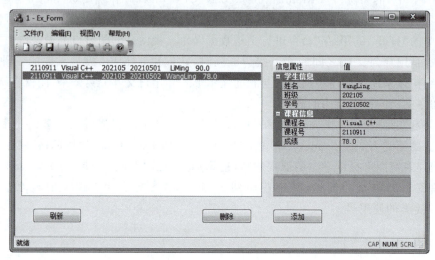

图 5.1 Ex_Form 运行结果

具体的实验(实训)过程如下。
(1) 设计表单。
(2) 可序列化类。
(3) MFC 属性网格。
(4) 实现数据操作。

5.1.1 设计表单

具体步骤如下。
(1) 启动 Microsoft Visual Studio 2010。
(2) 选择"文件"→"新建"→"项目"菜单命令或按快捷键 Ctrl+Shift+N 或单击顶层菜单下的标准工具栏中的 按钮,弹出"新建项目"对话框。在"已安装的模板"栏下选中"Visual C++"下的"MFC"结点,在中间的模板栏中选中 MFC 应用程序。
(3) 单击"位置"编辑框右侧的"浏览"按钮 浏览(B)...,从弹出的"项目位置"对话框中指定项目所在的文件夹 计算机 ▶ 本地磁盘 (D:) ▶ Visual C++程序 ▶ LiMing ▶ 5,单击 选择文件夹 按钮,回到"新建项目"对话框中。

（4）在"新建项目"对话框的"名称"编辑框中输入名称"Ex_Form"。同时，要取消勾选"为解决方案创建目录"复选框。

（5）单击 确定 按钮，出现"MFC 应用程序向导"欢迎页面，单击 下一步> 按钮，出现"应用程序类型"页面。选中"单个文档"应用程序类型，取消勾选"使用 Unicode 库"复选框，选中右侧的"项目类型"的"MFC 标准"，取消勾选"启用视觉样式切换"复选框，如图 5.2 所示。单击左侧"用户界面功能"，取消勾选"用户定义的工具栏和图像"及"个性化菜单行为"复选框，如图 5.3 所示。

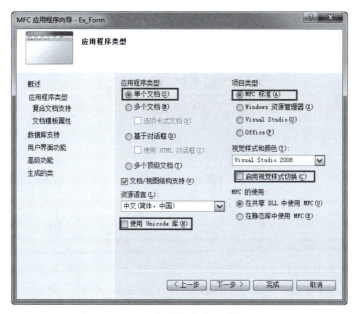

图 5.2　应用程序类型选择

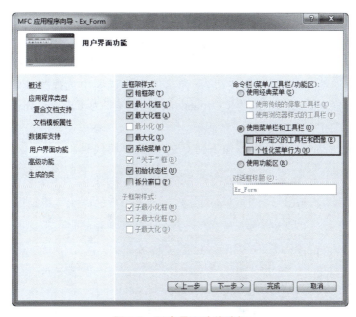

图 5.3　用户界面功能选择

（6）单击左侧"生成的类"，将 CEx_FormView 的基类选为 CFormView。保留其他默认选项，单击 完成 按钮，提示"没有可用于 CFormView 的打印支持。是否继续？"，单击"是"按钮，系统开始创建，并又回到了 Visual C++ 主界面。将项目工作区切窗口换到"解决方案管理器"页面，双击头文件结点 stdafx.h，打开 stdafx.h 文档，滚动到最后代码行，将"#ifdef _UNICODE"和最后一行的"#endif"删除（注释掉）。

（7）将项目工作区窗口切换到"资源视图"页面，展开结点，双击 Dialog 下的 IDD_EX-_FORM_FORM，打开表单资源模板。单击对话框编辑器上的"网格切换"按钮，显示模板网格。删除原来的静态文本控件，调整表单模板的大小（调为 417×177px），参看图 5.1 控件布局添加如表 5.1 所示的一些控件（其中添加的 MFC 属性网格控件的 Description Rows Count 属性设为 2，其他默认）。

表 5.1 表单添加的控件

添加的控件	ID	标题	其他属性
列表框	IDC_LIST1	—	默认
MFC 属性网格	IDC_MFCPROPERTYGRID1	—	见前
按钮	IDC_BUTTON_REFRESH	刷新	默认
按钮	IDC_BUTTON_ADD	添加	默认
按钮	IDC_BUTTON_DEL	删除	默认

（8）右击列表框 IDC_LIST1 控件，从弹出的快捷菜单中选择"添加变量"命令，弹出"添加成员变量向导"对话框，在"变量名"中输入"m_ListBox"，单击 完成 按钮。类似地，为 MFC 属性网格 IDC_MFCPROPERTYGRID1 添加控件变量 m_PropGrid。

5.1.2 可序列化类

这里为学生课程成绩建立一个可序列化的 CScore 类，具体步骤如下。

（1）选择"项目"→"类向导"菜单或按快捷键 Ctrl+Shift+X，弹出"MFC 类向导"对话框。单击右侧"添加类"按钮的下拉按钮，从弹出的下拉选项中选择"MFC 类"，弹出"MFC 添加类向导"对话框，将"基类"选为 CObject，输入"类名"为 CScore，如图 5.4 所示，单击 完成 按钮。关闭"MFC 类向导"对话框。

（2）在打开的 Score.h 文件中添加下列 CScore 类声明代码。

```
class CScore : public CObject
{
public:
    CScore();
    virtual ~CScore();
public:
    CScore(CString strcid, CString strcname,CString strclass,
        CString strstuid, CString strstuname, float fscore);
```

图 5.4　添加 CScore 类

```
public:
    void SetData(CString strcid, CString strcname,CString strclass,
        CString strstuid, CString strstuname, float fscore);
    void GetDataString(CString &strData);
    CString    GetCourseID(void)
    {
        return strCID;
    }
    CString    GetCourseName(void)
    {
        return strCName;
    }
    CString    GetClassName(void)
    {
        return strClass;
    }
    CString    GetStudentID(void)
    {
        return strStuID;
    }
    CString    GetStudentName(void)
    {
```

```cpp
        return strStuName;
    }
    float    GetScore(void)
    {
        return fScore;
    }
    void Serialize(CArchive &ar);
private:
    CString      strCID;               //课程号
    CString      strCName;             //课程名
    CString      strClass;             //班级
    CString      strStuID;             //学号
    CString      strStuName;           //学生姓名
    float        fScore;               //成绩
    DECLARE_SERIAL(CScore)             //序列化声明
};
```

(3) 打开 Score.cpp 文件，在最后添加下列 CScore 类实现代码。

```cpp
//CScore 成员函数
IMPLEMENT_SERIAL(CScore, CObject, 1)      //序列化实现
void CScore::Serialize(CArchive &ar)
{
    if(ar.IsStoring())
        ar<<strCID<<strCName<<strClass<<strStuID<<strStuName<<fScore;
    else
        ar>>strCID>>strCName>>strClass>>strStuID>>strStuName>>fScore;
}
CScore::CScore(CString strcid, CString strcname,CString strclass,
       CString strstuid, CString strstuname, float fscore)
{
    strCID       = strcid;
    strCName     = strcname;
    strClass     = strclass;
    strStuID     = strstuid;
    strStuName   = strstuname;
    fScore       = fscore;
}
void CScore::SetData(CString strcid, CString strcname,CString strclass,
       CString strstuid, CString strstuname, float fscore)
{
    strCID       = strcid;
    strCName     = strcname;
    strClass     = strclass;
```

```
    strStuID        = strstuid;
    strStuName      = strstuname;
    fScore          = fscore;
}
void CScore::GetDataString(CString &strData)
{
    strData.Format("%10s%12s%10s%10s%10s%7.1f",
        strCID, strCName, strClass, strStuID, strStuName, fScore);
}
```

（4）编译。

5.1.3 MFC 属性网格

MFC 属性网格（PropertyGrid）是 Visual Studio 2010 中新增的 MFC 控件，顾名思义，其主要是用来显示、设置和获取某一（或多个）对象的属性值。在 MFC 中，属性网格由 CMFCPropertyGridCtrl 类封装，而每个属性则由 CMFCPropertyGridProperty 类来控制，属性也可分组（类别）。这里将学生课程成绩信息分为两组：学生信息和课程信息。学生信息包含姓名、班级和学号，课程信息包含课程名、课程号和课程成绩。

具体步骤如下。

（1）为了简单编程，在 CEx_FormView 类中添加 6 个属性成员指针变量，分别表示姓名、班级、学号、课程名、课程号和课程成绩。

```
//操作
public:
    CMFCPropertyGridProperty*   m_propStuName;      //姓名
    CMFCPropertyGridProperty*   m_propStuClass;     //班级
    CMFCPropertyGridProperty*   m_propStuID;        //学号
    CMFCPropertyGridProperty*   m_propCName;        //课程名
    CMFCPropertyGridProperty*   m_propCID;          //课程号
    CMFCPropertyGridProperty*   m_propScore;        //课程成绩
```

（2）在 CEx_FormView::OnInitialUpdate()函数中添加下列初始化代码。

```
void CEx_FormView::OnInitialUpdate()
{
    CFormView::OnInitialUpdate();
    GetParentFrame()->RecalcLayout();
    ResizeParentToFit();
    if(m_PropGrid.GetPropertyCount()>0)
        return;
    //属性网格
    m_propStuName   = new CMFCPropertyGridProperty("姓名",
                        "LiMing", "学生姓名全称!");
```

```cpp
    m_propStuClass       = new CMFCPropertyGridProperty("班级",
                                "202105", "6位!");
    m_propStuID          = new CMFCPropertyGridProperty("学号",
                                "20210501", "8位,前6位是班号!");
    m_propCName          = new CMFCPropertyGridProperty("课程名",
                                "Visual C++", "按课程计划而定!");
    m_propCID            = new CMFCPropertyGridProperty("课程号",
                                "2110911", "7位!");
    m_propScore          = new CMFCPropertyGridProperty("成绩",
                                "90", "60分及格,最高100分!");
    //分组
    CMFCPropertyGridProperty    * pGroup1, * pGroup2;
    pGroup1 = new CMFCPropertyGridProperty("学生信息");
    pGroup1->AddSubItem(m_propStuName);
    pGroup1->AddSubItem(m_propStuClass);
    pGroup1->AddSubItem(m_propStuID);
    pGroup2 = new CMFCPropertyGridProperty("课程信息");
    pGroup2->AddSubItem(m_propCName);
    pGroup2->AddSubItem(m_propCID);
    pGroup2->AddSubItem(m_propScore);
    //添加到属性网格
    m_PropGrid.AddProperty(pGroup1);
    m_PropGrid.AddProperty(pGroup2);
    //展开所有属性
    m_PropGrid.ExpandAll();
    //设置表头及首列宽度
    HDITEM     item;
    item.cxy              = 120;
    item.mask             = HDI_WIDTH;
    m_PropGrid.GetHeaderCtrl().SetItem(0, new HDITEM(item));
    m_PropGrid.EnableHeaderCtrl(TRUE, "信息属性", "值");
    //设置颜色
    COLORREF c            = (COLORREF)-1;           //默认颜色
    m_PropGrid.SetCustomColors(afxGlobalData.clrBtnLight,c,
        afxGlobalData.clrBtnShadow, afxGlobalData.clrBtnHilite,
        RGB(188, 199, 216), c, afxGlobalData.clrBtnDkShadow);
    m_PropGrid.RedrawWindow();
}
```

(3) 编译并运行。

5.1.4 实现数据操作

具体步骤如下。

(1) 为 CEx_FormDoc 类添加下列成员变量,用来保存添加的 CScore 类对象数据。

```
//操作
public:
    CObArray        m_cobArray;                    //对象集合类对象
```

(2) 在 CEx_FormDoc 类析构函数～CEx_FormDoc 中添加下列删除并释放对象的代码。

```
CEx_FormDoc::~CEx_FormDoc()
{
    int nIndex = m_cobArray.GetSize();
    while(nIndex--)
        delete m_cobArray.GetAt(nIndex);    //删除并释放对象的内存空间
    m_cobArray.RemoveAll();
}
```

(3) 在 CEx_FormDoc∷Serialize()函数中添加下列代码。

```
void CEx_FormDoc::Serialize(CArchive& ar)
{
    if(ar.IsStoring())
    {}else
    {}
    m_cobArray.Serialize(ar);
}
```

(4) 为 CEx_FormView 表单中的按钮 IDC_BUTTON_ADD、IDC_BUTTON_DEL 和 IDC_BUTTON_REFRESH 添加 BN_CLICKED"事件"的消息映射,保留默认的映射处理函数名,并添加下列代码。

```
void CEx_FormView::OnBnClickedButtonAdd()
{
    CString     strCID      = m_propCID->GetValue();
    strCID.Trim();
    if(strCID.IsEmpty())
    {
        MessageBox("[课程号]不能为空!");        return;
    }

    CString     strCName    = m_propCName->GetValue();
    strCName.Trim();
    if(strCName.IsEmpty())
    {
        MessageBox("[课程名]不能为空!");        return;
    }
```

```cpp
CString     strClass    = m_propStuClass->GetValue();
strClass.Trim();
if(strClass.IsEmpty())
{
    MessageBox("[班级]不能为空!");           return;
}

CString     strStuName  = m_propStuName->GetValue();
strStuName.Trim();
if(strStuName.IsEmpty())
{
    MessageBox("[姓名]不能为空!");           return;
}

CString     strStuID    = m_propStuID->GetValue();
strStuID.Trim();
if(strStuID.IsEmpty())
{
    MessageBox("[学号]不能为空!");           return;
}

CEx_FormDoc * pDoc      = GetDocument();
//查找是否有相同的课程号与学号相同的记录数据
BOOL        bFind       = FALSE;
CScore      * pTemp;
CString strTemp;
int         nIndex      = 0;
for(nIndex=0; nIndex<pDoc->m_cobArray.GetSize(); nIndex++)
{
    pTemp   =(CScore *)(pDoc->m_cobArray.GetAt(nIndex));
    if((pTemp->GetCourseID().Find(strCID)>=0) &&
        (pTemp->GetStudentID().Find(strStuID)>=0))
    {
        bFind   = TRUE;         break;
    }
}
if(bFind)
{
    strTemp.Format("当前第[%d]项有重复!", nIndex);
    MessageBox(strTemp);        return;
} else
{
    CString   strScore = m_propScore->GetValue();
```

```cpp
        float     fScore = (float)(atof(strScore));
        CScore   * pScore = new CScore(strCID, strCName,
                        strClass, strStuID, strStuName, fScore);

        int nAddIndex    = pDoc->m_cobArray.Add(pScore);
        pDoc->SetModifiedFlag();

        pScore->GetDataString(strTemp);
        int nListIndex   = m_ListBox.AddString(strTemp);
        m_ListBox.SetItemData(nListIndex, nAddIndex);
    }
}
void CEx_FormView::OnBnClickedButtonDel()
{
    int   nListIndex    = m_ListBox.GetCurSel();
    if(nListIndex !=LB_ERR)
    {
        int    nDataIndex = m_ListBox.GetItemData(nListIndex);
        if(IDYES == MessageBox("确定要删除吗?", "警告",
            MB_ICONWARNING | MB_YESNO))
        {
            m_ListBox.DeleteString(nListIndex);
            CEx_FormDoc * pDoc  = GetDocument();
            //释放并删除数据
            delete pDoc->m_cobArray.GetAt(nDataIndex);
            pDoc->m_cobArray.RemoveAt(nDataIndex);
            pDoc->SetModifiedFlag();
            //属性网格显示原始值
            m_PropGrid.ResetOriginalValues();
        }
    } else
        MessageBox("当前没有任何选择项!");
}
void CEx_FormView::OnBnClickedButtonRefresh()
{
    CEx_FormDoc * pDoc  = GetDocument();
    CScore    * pScore;
    int       nIndex, nListIndex;
    CString   strTemp;

    m_ListBox.ResetContent();
    for(nIndex=0; nIndex<pDoc->m_cobArray.GetSize(); nIndex++)
    {
        pScore      =(CScore *)(pDoc->m_cobArray.GetAt(nIndex));
```

```
            pScore->GetDataString(strTemp);

            nListIndex  = m_ListBox.AddString(strTemp);
            m_ListBox.SetItemData(nListIndex, nIndex);
        }
        //属性网格显示原始值
        m_PropGrid.ResetOriginalValues();
    }
```

（5）为 CEx_FormView 表单中的列表框 IDC_LIST1 添加 LBN_SELCHANGE "事件"的消息映射，保留默认的映射处理函数名，并添加下列代码。

```
void CEx_FormView::OnLbnSelchangeList1()
{
    int nIndex =m_ListBox.GetCurSel();
    if(nIndex!=LB_ERR){
        //获取数据填充属性网格
        int     nDataIndex   = m_ListBox.GetItemData(nIndex);
        CEx_FormDoc * pDoc   = GetDocument();
        CScore   * pScore   = (CScore *)pDoc->m_cobArray[nDataIndex];

        m_propStuName->SetValue(pScore->GetStudentName());
        m_propStuClass->SetValue(pScore->GetClassName());
        m_propStuID->SetValue(pScore->GetStudentID());
        m_propCName->SetValue(pScore->GetCourseName());
        m_propCID->SetValue(pScore->GetCourseID());
        CString    strScore;
        strScore.Format("%.1f", pScore->GetScore());
        m_propScore->SetValue(strScore);
        m_PropGrid.RedrawWindow();
    }
}
```

（6）在 CEx_FormView::OnInitialUpdate() 函数的最后添加下列代码。

```
void CEx_FormView::OnInitialUpdate()
{
    CFormView::OnInitialUpdate();
    GetParentFrame()->RecalcLayout();
    ResizeParentToFit();
    OnBnClickedButtonRefresh();
    ...
    m_PropGrid.RedrawWindow();
}
```

（7）在 Ex_FormView.cpp 文件的前面添加 CCScore 类的头文件，代码如下。

```
#include "Ex_FormDoc.h"
#include "Ex_FormView.h"
#include "Score.h"
```

(8) 编译运行并测试,特别要注意文件的保存和调入功能。

5.2 视图切换

在多数情况下,一个文档对应于一个视图,但有时一个文档可能对应于多个视图,这就是"一档多视"。对于单文档而言,"一档多视"的实现除直接切换外,还可用切分窗口来切换。这里就先来实践"一档多视"视图的直接切换方法,如图 5.5 所示,选择"视图"→"列表视图"菜单命令项时,文档窗口是一个"报表"风格的列表视图,从中显示了所有当前所有课程成绩记录信息。当选择"视图"→"表单视图"菜单项时,文档窗口是一个表单视图,即前面 Ex_Form 创建的表单。

图 5.5 视图切换

具体的实验(实训)过程如下。
(1) 添加列表视图。
(2) 实现视图切换。

5.2.1 添加列表视图

具体步骤如下。

(1) 打开前面项目 Ex_Form,选择"项目"→"类向导"菜单或按快捷键 Ctrl+Shift+X,弹出"MFC 类向导"对话框。单击右侧"添加类"按钮的下拉按钮,从弹出的下拉选项中选择"MFC 类",弹出"MFC 添加类向导"对话框,将"基类"选为 CListView,输入"类名"为 CScoreView,单击 完成 按钮,又回到"MFC 类向导"对话框中。

（2）将"MFC 类向导"对话框切换到"虚函数"页面，在"虚函数"列表中找到并双击 OnInitialUpdate，单击 编辑代码(E) 按钮，在 OnInitialUpdate()函数添加下列代码。

```cpp
void CScoreView::OnInitialUpdate()
{
    CListView::OnInitialUpdate();
    CListCtrl& pList    = GetListCtrl();
    pList.DeleteAllItems();

    //设置报表风格
    HWND     hWnd       = pList.GetSafeHwnd();
    DWORD    dwStyle    = GetWindowLong(hWnd, GWL_STYLE);
    DWORD    dwNewStyle = LVS_REPORT | LVS_SINGLESEL | LVS_SHOWSELALWAYS;
    if((dwStyle & LVS_TYPEMASK) !=dwNewStyle)
        SetWindowLong(hWnd, GWL_STYLE,
                            (dwStyle&~LVS_TYPEMASK)|dwNewStyle);
    //设置报表头
    pList.InsertColumn(0,"序号",     LVCFMT_RIGHT,    40, 0);
    pList.InsertColumn(1,"课程号",    LVCFMT_LEFT,    100, 0);
    pList.InsertColumn(2,"课程名",    LVCFMT_LEFT,    150, 0);
    pList.InsertColumn(3,"班级",     LVCFMT_LEFT,    100, 0);
    pList.InsertColumn(4,"学号",     LVCFMT_LEFT,    100, 0);
    pList.InsertColumn(5,"姓名",     LVCFMT_LEFT,    100, 0);
    pList.InsertColumn(6,"成绩",     LVCFMT_LEFT,     80, 0);

    //更新数据
    UpdateListItem();
}
```

（3）用"添加成员函数向导"为 CScoreView 类添加成员函数 UpdateListItem()，其代码如下。

```cpp
void CScoreView::UpdateListItem(void)
{
    CListCtrl& pList    = GetListCtrl();
    pList.DeleteAllItems();

    CEx_FormDoc * pDoc  = (CEx_FormDoc *)GetDocument();
    CScore      * pTemp;
    int           nIndex, nItem;
    CString       strTemp;
    for(nIndex=0; nIndex<pDoc->m_cobArray.GetSize(); nIndex++)
    {
        pTemp   = (CScore *)(pDoc->m_cobArray.GetAt(nIndex));
```

```
            strTemp.Format("%d", nIndex+1);
            nItem   = pList.InsertItem(nIndex, strTemp);
            pList.SetItemText(nItem, 1, pTemp->GetCourseID());
            pList.SetItemText(nItem, 2, pTemp->GetCourseName());
            pList.SetItemText(nItem, 3, pTemp->GetClassName());
            pList.SetItemText(nItem, 4, pTemp->GetStudentID());
            pList.SetItemText(nItem, 5, pTemp->GetStudentName());
            strTemp.Format("%7.1f", pTemp->GetScore());
            pList.SetItemText(nItem, 6, strTemp);
        }
    }
```

（4）在 CScoreView.cpp 文件的前面添加下列头文件，代码如下。

```
#include "ScoreView.h"
#include "Ex_FormDoc.h"
#include "Score.h"
```

（5）编译运行。

5.2.2 实现视图切换

具体步骤如下。

（1）用"添加成员函数向导"为 CMainFrame 类添加成员函数 SwitchToView()，其代码如下。

```
void CMainFrame::SwitchToView(int nView)
{
    CView*  pOldView    = GetActiveView();
    UINT    nOldID      = ::GetWindowLong(pOldView->m_hWnd, GWL_ID);
    UINT    nNewID      = AFX_IDW_PANE_FIRST+1+nView;
    CView*  pNewView    = (CView*)GetDlgItem(nNewID);
    if(pNewView == NULL)
    {
        //构造并创建视图
        if(nView == 0)
            pNewView = (CView*)new CEx_FormView;
        else
            pNewView = (CView*)new CScoreView;
        CCreateContext context;
        context.m_pCurrentDoc = pOldView->GetDocument();
        pNewView->Create(NULL, NULL, AFX_WS_DEFAULT_VIEW,
            CFrameWnd::rectDefault, this, nNewID, &context);
    }
```

```
    //交换视图的窗口 ID
    ::SetWindowLong(pOldView->m_hWnd, GWL_ID, nNewID);
    ::SetWindowLong(pNewView->m_hWnd, GWL_ID, nOldID);
    pOldView->ShowWindow(SW_HIDE);
    pNewView->ShowWindow(SW_SHOW);
    SetActiveView(pNewView);
    //重新布局
    RecalcLayout();
    delete pOldView;
    pNewView->OnInitialUpdate();
}
```

（2）在 MainFrm.cpp 文件的前面添加下列头文件，代码如下。

```
#include "MainFrm.h"
#include "Ex_FormView.h"
#include "ScoreView.h"
```

（3）分别找到类 CScoreView 和类 CEx_FormView 的构造函数声明处，将它们默认的 protected 成员访问方式改成 public。

（4）打开 Ex_FormView.h 文件，在 class CEx_FormView : public CFormView 前面添加下列语句。

```
class CEx_FormDoc;
class CEx_FormView : public CFormView
```

（5）将项目工作区窗口切换到"资源视图"页面，打开菜单资源 IDR_MAINFRAME，在"视图"顶层菜单项的子菜单的最后先插入一个水平分隔符，然后在其下添加"表单编辑"（ID_VIEW_FORM）和"列表显示"（ID_VIEW_LIST）两个子菜单项。

（6）先后右击这两个子菜单项 ID_VIEW_FORM 和 ID_VIEW_LIST，在弹出的快捷菜单中选择"添加事件处理程序"命令，在弹出的向导对话框中，选中 CMainFrame 类，为其添加 COMMAND 和 UPDATE_COMMAND_UI 消息映射，保留默认的事件映射函数名，添加下列代码。

```
void CMainFrame::OnViewForm()
{
    SwitchToView(0);
}
void CMainFrame::OnUpdateViewForm(CCmdUI * pCmdUI)
{
    CView    * pCurView  = GetActiveView();
```

```
    BOOL    bIsCur       = pCurView->GetRuntimeClass()
                         == RUNTIME_CLASS(CEx_FormView);
    pCmdUI->SetRadio(bIsCur);
}
void CMainFrame::OnViewList()
{
    SwitchToView(1);
}
void CMainFrame::OnUpdateViewList(CCmdUI * pCmdUI)
{
    CView   * pCurView   = GetActiveView();
    BOOL    bIsCur       = pCurView->GetRuntimeClass()
                         == RUNTIME_CLASS(CScoreView);
    pCmdUI->SetRadio(bIsCur);
}
```

（7）编译运行并测试。

5.3 切分窗口

视图的切换总显示一个视图，而切分窗口就不同，它能显示多个文档的多个视图。为简单起见，这里的例程是一个单文档（SDI）的切分窗口，如图 5.6 所示，左边是树视图，用于显示当前计算机中的文件夹目录，右边是列表视图，以报表的形式显示当前文件夹下的文件。当单击左边的树结点时，则将当前的文件内容显示到右边的列表中。

图 5.6 切分窗口

具体的实验(实训)过程如下。

(1) 目录树。

(2) 文件列表。

(3) 切分实现。

5.3.1 目录树

具体步骤如下。

(1) 选择"文件"→"新建"→"项目"菜单命令或按快捷键 Ctrl+Shift+N 或单击顶层菜单下的标准工具栏中的 ![] 按钮,弹出"新建项目"对话框。在"已安装的模板"栏下选中 Visual C++ 下的 MFC 结点,在中间的模板栏中选中 ![MFC应用程序]。在"新建项目"对话框的"名称"编辑框中输入名称"Ex_Look"。同时,要取消勾选"为解决方案创建目录"复选框。

(2) 单击 ![确定] 按钮,出现"MFC 应用程序向导"欢迎页面,单击 ![下一步>] 按钮,出现"应用程序类型"页面。选中"单个文档"应用程序类型,取消勾选"使用 Unicode 库"复选框,选中右侧的"项目类型"的"MFC 标准",取消勾选"启用视觉样式切换"复选框。单击左侧"用户界面功能",取消勾选"用户定义的工具栏和图像"及"个性化菜单行为"复选框。

(3) 单击左侧"生成的类",将 CEx_LookView 的基类选为 CTreeView,如图 5.7 所示。保留其他默认选项,单击 ![完成] 按钮。系统开始创建,并又回到了 Visual C++ 主界面。打开 stdafx.h 文档,滚动到最后代码行,将"#ifdef _UNICODE"和最后一行的"#endif"删除(注释掉)。

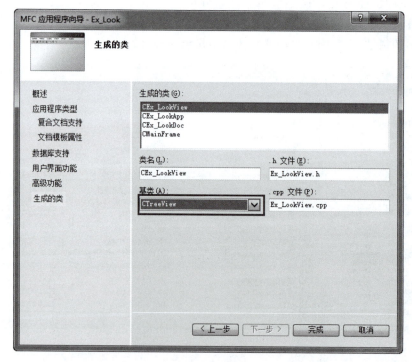

图 5.7 为 CEx_LookView 选择基类

（4）打开 Ex_LookView.h，为 CEx_LookView 类添加下列成员变量。

```
//操作
public:
    CImageList    m_ImageList;
```

（5）使用"添加成员函数向导"为 CEx_LookView 类添加成员函数 InsertFoldItem()，其代码如下。

```
void CEx_LookView::InsertFoldItem(HTREEITEM hItem, CString strPath)
{
    CTreeCtrl& treeCtrl = GetTreeCtrl();
    if(treeCtrl.ItemHasChildren(hItem)) return;
    CFileFind finder;
    BOOL bWorking = finder.FindFile(strPath);
    while(bWorking){
        bWorking = finder.FindNextFile();
        if(finder.IsDirectory() && !finder.IsHidden() && !finder.IsDots())
            treeCtrl.InsertItem(finder.GetFileTitle(), 0, 1,
                                hItem, TVI_SORT);
    }
}
```

（6）使用"添加成员函数向导"为 CEx_LookView 类添加成员函数 GetFoldItemPath()，其代码如下。

```
CString CEx_LookView::GetFoldItemPath(HTREEITEM hItem)
{
    CString strPath, str;
    strPath.Empty();
    CTreeCtrl&   treeCtrl   = GetTreeCtrl();
    HTREEITEM    folderItem = hItem;
    while(folderItem) {
        int data = (int)treeCtrl.GetItemData(folderItem);
        if(data == 0)
            str = treeCtrl.GetItemText(folderItem);
        else
            str.Format("%c:\\", data);
        strPath = str+"\\"+strPath;
        folderItem = treeCtrl.GetParentItem(folderItem);
    }
    strPath = strPath+"*.*";
    return strPath;
}
```

（7）在 CEx_LookView 类"属性"窗口的"消息"页面中，添加 = TVN_SELCHANGED（当前选择的结点改变后）消息的默认处理函数，并添加下列代码。

```
void CEx_LookView::OnTvnSelchanged(NMHDR * pNMHDR, LRESULT * pResult)
{
    LPNMTREEVIEW pNMTreeView = reinterpret_cast<LPNMTREEVIEW>(pNMHDR);
    HTREEITEM    hSelItem    = pNMTreeView->itemNew.hItem;
                                        //获取当前选择的节点
    CTreeCtrl&   treeCtrl    = GetTreeCtrl();
    CString strPath =GetFoldItemPath(hSelItem);
    if(!strPath.IsEmpty()){
        InsertFoldItem(hSelItem, strPath);
        treeCtrl.Expand(hSelItem,TVE_EXPAND);
    }
    * pResult =0;
}
```

（8）在 CEx_LookView::PreCreateWindow()函数中添加设置树控件风格代码。

```
BOOL CEx_LookView::PreCreateWindow(CREATESTRUCT& cs)
{
    cs.style |= TVS_HASLINES|TVS_LINESATROOT|TVS_HASBUTTONS;
    return CTreeView::PreCreateWindow(cs);
}
```

（9）在 CEx_LookView::OnInitialUpdate()函数中添加下列代码。

```
void CEx_LookView::OnInitialUpdate()
{
    CTreeView::OnInitialUpdate();
    CTreeCtrl& treeCtrl = GetTreeCtrl();
    m_ImageList.Create(16, 16, ILC_COLOR8|ILC_MASK, 2, 1);
    m_ImageList.SetBkColor(RGB(255,255,255));
    treeCtrl.SetImageList(&m_ImageList,TVSIL_NORMAL);
    //获取 Windows 文件夹路径以便获取其文件夹图标
    CString strPath;
    GetWindowsDirectory((LPTSTR)(LPCTSTR)strPath, MAX_PATH+1);
    //获取文件夹及其打开时的图标,并添加到图像列表中
    SHFILEINFO fi;
    SHGetFileInfo(strPath, 0, &fi, sizeof(SHFILEINFO),
        SHGFI_ICON | SHGFI_SMALLICON);
    m_ImageList.Add(fi.hIcon);
    SHGetFileInfo(strPath, 0, &fi, sizeof(SHFILEINFO),
        SHGFI_ICON | SHGFI_SMALLICON | SHGFI_OPENICON);
```

```
        m_ImageList.Add(fi.hIcon);
        //获取已有的驱动器图标和名称
        CString str, strA;
        for(int i =0; i<32; i++){
            strA.Format("%c", 'A'+i);
            str.Format("%s:\\", strA);
            SHGetFileInfo(str, 0, &fi, sizeof(SHFILEINFO),
                SHGFI_ICON | SHGFI_SMALLICON | SHGFI_DISPLAYNAME);
            CString strName;
            strName.Format("%s", fi.szDisplayName);
            if((fi.hIcon) && (strName.Find(strA)>=0)) {
                int         nImage  = m_ImageList.Add(fi.hIcon);
                HTREEITEM   hItem   = treeCtrl.InsertItem(fi.szDisplayName,
                                    nImage, nImage);
                treeCtrl.SetItemData(hItem, (DWORD)('A'+i));
            }
        }
    }
```

(10) 编译运行,结果如图 5.8 所示。

图 5.8　Ex_Look 第一次运行结果

5.3.2　文件列表

具体步骤如下。

(1) 选择"项目"→"类向导"菜单或按快捷键 Ctrl+Shift+X,弹出"MFC 类向导"对话框。单击右侧"添加类"按钮的下拉按钮,从弹出的下拉选项中选择"MFC 类",弹出"MFC 添加类向导"对话框,将"基类"选为 CListView,输入"类名"为 CRightView,单击 完成按钮,又回到"MFC 类向导"对话框中。

(2) 将"MFC 类向导"对话框切换到"虚函数"页面,在"虚函数"列表中找到并双击 OnInitialUpdate,单击 编辑代码(E) 按钮,在 OnInitialUpdate()函数中添加下列代码。

```cpp
void CRightView::OnInitialUpdate()
{
    CListView::OnInitialUpdate();
    CListCtrl& pList    = GetListCtrl();
    pList.DeleteAllItems();

    //设置报表风格
    HWND    hWnd        = pList.GetSafeHwnd();
    DWORD   dwStyle     = GetWindowLong(hWnd, GWL_STYLE);
    DWORD   dwNewStyle  = LVS_REPORT | LVS_SINGLESEL | LVS_SHOWSELALWAYS;
    if((dwStyle & LVS_TYPEMASK) != dwNewStyle)
        SetWindowLong(hWnd, GWL_STYLE,
                    (dwStyle&~LVS_TYPEMASK)|dwNewStyle);
    //设置扩展风格,使得列表项一行全项选择且显示出网格线
    pList.SetExtendedStyle(LVS_EX_FULLROWSELECT|LVS_EX_GRIDLINES);

    //设置报表头
    pList.InsertColumn(0,"文件名",     LVCFMT_LEFT,    160,0);
    pList.InsertColumn(1,"大小",       LVCFMT_RIGHT,    80,0);
    pList.InsertColumn(2,"类型",       LVCFMT_LEFT,    160,0);
    pList.InsertColumn(3,"日期",       LVCFMT_LEFT,    120,0);

    //设置关联的图像列表
    m_ImageList.Create(32,32,ILC_COLOR8|ILC_MASK,1,1);
    m_ImageList.SetBkColor(RGB(255,255,255));
    m_ImageListSmall.Create(16,16,ILC_COLOR8|ILC_MASK,1,1);
    m_ImageListSmall.SetBkColor(RGB(255,255,255));
    pList.SetImageList(&m_ImageList,LVSIL_NORMAL);
    pList.SetImageList(&m_ImageListSmall,LVSIL_SMALL);
}
```

(3) 打开 RightView.h,为 CRightView 类添加下列成员。

```cpp
class CRightView : public CListView
{
public:
    CImageList      m_ImageList;
    CImageList      m_ImageListSmall;
    CStringArray    m_strArray;
    ...
```

（4）使用"添加成员函数向导"为 CRightView 类添加下列成员函数，用于查找指定文件夹下面的文档并更新列表。

```cpp
void CRightView::UpDateFileItemList(CString strCurPath)
{
    CListCtrl& pList    = GetListCtrl();
    pList.DeleteAllItems();
    //查找当前目录下的文件
    CString strFindFile = strCurPath;
    int nItem = 0, nIndex, nImage;
    CTime m_time;
    CString str, strTypeName;

    CFileFind finder;
    BOOL bWorking = finder.FindFile(strFindFile);
    while(bWorking) {
        bWorking = finder.FindNextFile();
        if(finder.IsArchived())
        {
            str = finder.GetFilePath();
            SHFILEINFO fi;
            //获取文件关联的图标和文件类型名
            SHGetFileInfo(str,0,&fi,sizeof(SHFILEINFO),
                SHGFI_ICON|SHGFI_LARGEICON|SHGFI_TYPENAME);
            strTypeName = fi.szTypeName;
            nImage = -1;
            for(int i=0; i<m_strArray.GetSize(); i++) {
                if(m_strArray[i] == strTypeName)    {
                    nImage = i;        break;
                }
            }
            if(nImage<0)
            {
                //添加图标
                nImage = m_ImageList.Add(fi.hIcon);
                SHGetFileInfo(str,0,&fi,sizeof(SHFILEINFO),
                    SHCFI_ICON|SHGFI_SMALLICON);
                m_ImageListSmall.Add(fi.hIcon);
                m_strArray.Add(strTypeName);
            }
            //添加列表项
            nIndex = pList.InsertItem(nItem,finder.GetFileName(),nImage);
            DWORD dwSize = finder.GetLength();
            if(dwSize>1024)
```

```
            str.Format("%dK", dwSize/1024);
        else
            str.Format("%d", dwSize);
        pList.SetItemText(nIndex, 1, str);
        pList.SetItemText(nIndex, 2, strTypeName);
        finder.GetLastWriteTime(m_time);
        pList.SetItemText(nIndex, 3, m_time.Format("%Y-%m-%d"));
        nItem++;
        }
    }
}
```

(5) 编译。

5.3.3 切分实现

具体步骤如下。

(1) 打开 MainFrm.h，为 CMainFrame 类添加一个保护型的切分窗口的数据成员，如下面定义。

```
protected: //控件条嵌入成员
    CMFCMenuBar         m_wndMenuBar;
    CMFCToolBar         m_wndToolBar;
    CMFCStatusBar       m_wndStatusBar;
    CSplitterWndEx      m_wndSplitter;
```

(2) 在 CMainFrame 类"属性"窗口的"重写"页面中，添加 OnCreateClient()函数重写(重载)，并添加下列代码。

```
BOOL CMainFrame::OnCreateClient(LPCREATESTRUCT lpcs,
                                CCreateContext * pContext)
{
    CRect rect;
    GetWindowRect(&rect);
    int     nUnitWidth  = rect.Width()/10;
    BOOL bRes =m_wndSplitter.CreateStatic(this, 1, 2);
                                        //创建两个水平静态窗格
    m_wndSplitter.CreateView(0,0,RUNTIME_CLASS(CEx_LookView),
                            CSize(0,0), pContext);
    m_wndSplitter.CreateView(0,1,RUNTIME_CLASS(CRightView),
                            CSize(0,0), pContext);
    m_wndSplitter.SetColumnInfo(0, nUnitWidth * 3, 10);
                                        //设置列宽
```

```
    m_wndSplitter.SetColumnInfo(1, nUnitWidth * 7, 10);
    m_wndSplitter.RecalcLayout();                //重新布局
    return bRes;
    //return CFrameWndEx::OnCreateClient(lpcs, pContext);
}
```

(3) 在 MainFrm.cpp 前面,添加下列头文件包含。

```
#include "MainFrm.h"
#include "Ex_LookView.h"
#include "RightView.h"
```

(4) 打开 Ex_LookView.h,在 class CEx_LookView : public CTreeView 前添加下列语句。

```
class CEx_LookDoc;
class CEx_LookView : public CTreeView
```

(5) 编译运行,结果如图 5.9 所示。此时,单击左侧的目录树,并不能在右侧的文件列表中显示文件,为此还需要添加一些代码。

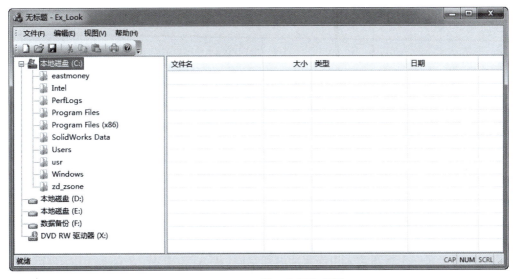

图 5.9　Ex_Look 第二次运行结果

(6) 在 CEx_LookView::OnTvnSelchanged() 函数中添加下列代码。

```
void CEx_LookView::OnTvnSelchanged(NMHDR * pNMHDR, LRESULT * pResult)
{
    LPNMTREEVIEW pNMTreeView =reinterpret_cast<LPNMTREEVIEW>(pNMHDR);
    ...
    CEx_LookDoc * pDoc    = (CEx_LookDoc   *)GetDocument();
```

```
        pDoc->UpdateAllViews(NULL, 1, (CObject *)(new CString(strPath)));
        * pResult = 0;
    }
```

（7）在 CRightView 类"属性"窗口的"重写"页面中，添加 OnUpdate 函数重写（重载），并添加下列代码。

```
void CRightView::OnUpdate(CView * /* pSender */, LPARAM lHint, CObject * pHint)
{
    if(lHint == 1L)
    {
        CString * strPath  = (CString *)pHint;
        UpDateFileItemList(* strPath);
        delete strPath;
    }
}
```

（8）编译运行并测试。

5.4 常见问题处理

（1）如何得到主框架窗口指针？

解答

① 单文档和多文档应用程序类中有一个 m_pMainWnd 成员，它就指向主框架窗口。

② 在其他类中获取时只要调用 AfxGetApp 函数获取当前应用程序类指针，如下列代码调用。

```
CMainFrame * pFrame = (CMainFrame *)AfxGetApp()->m_pMainWnd;
```

（2）视图切换的原理是什么？

解答

MFC 对于每一个视图均采用保留的内部空间（从 AFX_IDW_PANE_FIRST 到 AFX_IDW_PANE_LAST 共 256 个）来存取，以便能实现如静态切分的功能。在单文档中，总有一个固定的 ID 显示当前视图。所以，视图切换的最简单的方法就是将要切换的视图模板创建在 AFX_IDW_PANE_FIRST+n 中，然后将当前显示的原来视图模板切换出，并用新的视图模板来代替它即可。

（3）对于文件和文件夹的浏览，有没有其他的控件？

解答

在 Visual Studio 2010 中，MFC 推出了许多扩展控件，其中包括文件和文件夹的浏览控件 CMFCShellListCtrl 和 CMFCShellTreeCtrl。它们可以直接从"工具箱"中拖放到对话框资源模板中，且可使用 CMFCShellTreeCtrl::SetRelatedList()函数将两者关联起来。

思考与练习

(1) 在 Ex_Form(5.1 节)中,在 CEx_FormDoc 类中析构函数~CEx_FormDoc 为什么要有删除并释放对象的代码?

```
CEx_FormDoc::~CEx_FormDoc()
{
    int nIndex = m_cobArray.GetSize();
    while(nIndex--)
        delete m_cobArray.GetAt(nIndex);     //删除并释放对象的内存空间
    m_cobArray.RemoveAll();
}
```

(2) 在 Ex_Form(5.2 节)中,添加"修改"功能。

(3) 按照 5.3 节中的切分方法,将课程成绩按"课程名"→"班级"构造左边的树视图,单击"课程名",则在右边的列表视图中显示该课程的所有班级的成绩,而单击班级,则只显示本班的学生成绩,学生课程成绩通过对话框来添加。试编写此程序。

EXPERIMENT 实验 6
图形和文本

Visual C++ 的 CDC(Device Context, 设备环境)类是 MFC 中最重要的类之一, 它封装了绘图所需要的所有函数, 是用户编写图形和文字处理程序必不可少的。任何从 CWnd 派生而来的对话框、控件和视图等都可以作为绘图设备环境, 从而可以调用 MFC 设备环境类 CDC 所封装的绘图函数进行画点、线、多边形、位图以及文本输出等操作。一般地, 这些绘图操作代码还应添加到 OnPaint() 或 OnDraw() 虚函数中, 因为当窗口或视图无效(如被其他窗口覆盖)时, 就会调用 OnPaint() 或 OnDraw() 虚函数中的代码来自动更新。

本实验(实训)中, Ex_Clock 是一个对话框应用程序, 用来在对话框中用针式时钟显示当前时间; Ex_CAD 是一个单文档应用程序, 用于实现线、圆和矩形的通用 CAD 的简单框架; Ex_Shape 是一个对话框应用程序, 能在控件中实现文字阴影、弧形变化等一些文字变形特效, 并可通过 MFC 字体组合框控件指定字体。

实验目的

- 熟悉在不同窗口(对话框、文档窗口)中绘制图形的方法。
- 学会使用计时器消息。
- 学会使用图形的动态擦除和再绘技术。
- 了解一般 CAD 的设计框架以及数据和命令的存取解析等方法。
- 了解 CAD 中动态定位和动态输入的实现方法。
- 学会使用路径等方法获取文字数据进行变换的方法。

实验内容

- 针式时针。
- 一个简单的 CAD 程序。
- 文字特效。

实验准备和说明

- 具备知识: 图形、文本和打印(教程第 6 章)。
- 构思并准备上机所需要的程序 Ex_Clock、Ex_CAD 和 Ex_Shape。
- 创建本实验(实训)的工作文件夹"D:\Visual C++ 程序\LiMing\6"。

6.1 针式时钟

Ex_Clock 是一个对话框应用程序,如图 6.1 所示,它通过跟踪 WM_TIMER 消息来实现针式时钟的时间显示。具体的实验(实训)过程如下。

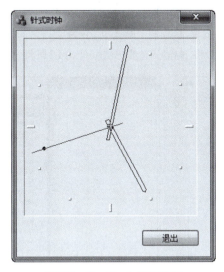

图 6.1 Ex_Clock 运行结果

(1) 设计对话框。
(2) 绘制时钟。
(3) 映射 WM_TIMER 消息。

6.1.1 设计对话框

具体步骤如下。
(1) 启动 Microsoft Visual Studio 2010。
(2) 选择"文件"→"新建"→"项目"菜单命令或按快捷键 Ctrl+Shift+N 或单击顶层菜单下的标准工具栏中的 按钮,弹出"新建项目"对话框。在"已安装的模板"栏下选中 Visual C++ 下的 MFC 结点,在中间的模板栏中选中 MFC 应用程序 。
(3) 单击"位置"编辑框右侧的"浏览"按钮 浏览(B)... ,从弹出的"项目位置"对话框中指定项目所在的文件夹 计算机 ▶ 本地磁盘 (D:) ▶ Visual C++程序 ▶ LiMing ▶ 6 ,单击 选择文件夹 按钮,回到"新建项目"对话框中。在"新建项目"对话框的"名称"编辑框中输入名称"Ex_Clock"。同时,要取消勾选"为解决方案创建目录"复选框。
(4) 单击 确定 按钮,出现"MFC 应用程序向导"欢迎页面,单击 下一步> 按钮,出现"应用程序类型"页面。选中"基于对话框"应用程序类型,此时右侧的"项目类型"自动选定为"MFC 标准",取消勾选"使用 Unicode 库"复选框。
(5) 保留默认选项,单击 完成 按钮,系统开始创建,并又回到了 Visual C++ 主界面,同时还自动打开对话框资源(模板)编辑器。将项目工作区切窗口换到"解决方案管理器"页面,双击头文件结点 **stdafx.h**,打开 stdafx.h 文档,滚动到最后代码行,将"#ifdef _UNICODE"和最后一行的"#endif"删除(注释掉)。

(6)将文档窗口切换到对话框资源模板页面,单击对话框编辑器上的"网格切换"按钮,显示模板网格。删除"TODO:在此 xx"静态文本控件和"取消"按钮。将对话框 Caption(标题)属性改为"针式时钟"。将"确定"按钮 Caption(标题)属性改为"退出"。

(7)调整对话框的大小(大小调为 168×191px),并将"退出"按钮移至对话框的右下角。向对话框中添加一个静态文本控件,调整大小为 150×150px,如图 6.2 所示,将其 ID 设为 IDC_STATIC_CLOCK,将 Sunken(或 Static Edge)属性指定为 True。

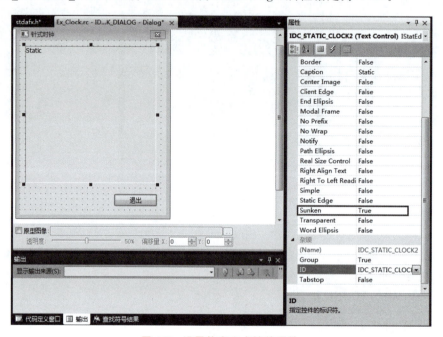

图 6.2　设置静态文本控件属性

(8)编译。

6.1.2　绘制时钟

具体步骤如下。

(1)打开 Ex_ClockDlg.h,在 CEx_ClockDlg 类中添加下列公有成员。

```
class CEx_ClockDlg : public CDialogEx
{
public:
    float       m_fPrevHour;
    int         m_nPrevMin;
    int         m_nPrevSec;
    CPoint      m_ptCenter;
    int         m_nRadius;
```

(2)将项目工作区窗口切换到"类视图",打开 CEx_ClockDlg 类的实现文件 Ex_ClockDlg.cpp,在其前面添加 cmath 头文件包含。

```cpp
#include "stdafx.h"
#include "Ex_Clock.h"
#include "Ex_ClockDlg.h"
#include "afxdialogex.h"
#include "cmath"
```

(3)用"添加成员函数向导"为 CEx_ClockDlg 类添加下列绘制时针和分针的成员函数 DrawClockArm()。

```cpp
void CEx_ClockDlg::DrawClockArm(CDC * pDC, CPoint ptCenter, int nLength,
                                float fNum, int nPeriod)
{
    //时针和分针
    int        nHalf = 2,   nEnd = 20;
    if(nPeriod == 12) {
        nHalf = 3;          nEnd = 12;
    }
    CPoint    ptArray[5];
    ptArray[0].x   = 0;         ptArray[0].y = -nLength;
    ptArray[1].x   = nHalf;     ptArray[1].y = -nLength+nHalf;
    ptArray[2].x   = nHalf;     ptArray[2].y = nEnd;
    ptArray[3].x   = -nHalf;    ptArray[3].y = nEnd;
    ptArray[4].x   = -nHalf;    ptArray[4].y = -nLength+nHalf;

    //计算角度并旋转
    double   fAngle = (2.0 * 3.14159/(double)nPeriod) * (double)fNum;
    CPoint   ptCalArray[6];
    for(int i= 0; i<5; i++)
    {
        ptCalArray[i].x = (int)((double)(ptArray[i].x) * cos(fAngle)-
            (double)(ptArray[i].y) * sin(fAngle))+ptCenter.x;
        ptCalArray[i].y = (int)((double)(ptArray[i].x) * sin(fAngle)+
            (double)(ptArray[i].y) * cos(fAngle))+ptCenter.y;
    }
    ptCalArray[5] = ptCalArray[0];

    CPen   pen(PS_SOLID, 0, RGB(0xCC, 0xCC, 0xCC));
    CPen   * old  = pDC->SelectObject(&pen);
    pDC->Polyline(ptCalArray, 6);
    pDC->SelectObject(old);
}
```

(4)类似地0,为 CEx_ClockDlg 类添加下列绘制秒针的成员函数 DrawClockSec()。

```
void CEx_ClockDlg::DrawClockSec(CDC * pDC, CPoint ptCenter, int nLength,
                                int nSec)
{
    CPen    penCenter(PS_SOLID, 0, RGB(0x66, 0x99, 0xff));
    CPen    * old       = pDC->SelectObject(&penCenter);

    CRect rcCircle;
    int nRaius = 3;
    rcCircle.SetRect(-nRaius, -nRaius, nRaius, nRaius);
    rcCircle.OffsetRect(ptCenter);
    pDC->Arc(rcCircle, rcCircle.BottomRight(),rcCircle.BottomRight());

    //计算角度并旋转
    double    fAngle    = (2.0 * 3.14159/60.0) * (double)nSec-1.5708;
    double    fRadius0 = (double)nLength-20.0, fRadius1 = 20.0;
    CPoint    pt0, pt1, pt2;

    pt0.x   = (int)(fRadius0 * cos(fAngle))+ptCenter.x;
    pt0.y   = (int)(fRadius0 * sin(fAngle))+ptCenter.y;
    pt1.x   = (int)((double)nLength * cos(fAngle))+ptCenter.x;
    pt1.y   = (int)((double)nLength * sin(fAngle))+ptCenter.y;
    pt2.x   = (int)(-fRadius1 * cos(fAngle))+ptCenter.x;
    pt2.y   = (int)(-fRadius1 * sin(fAngle))+ptCenter.y;

    pDC->MoveTo(pt1);       pDC->LineTo(pt2);
    rcCircle.SetRect(-nRaius, -nRaius, nRaius, nRaius);
    rcCircle.OffsetRect(pt0);
    pDC->Pie(rcCircle, rcCircle.BottomRight(),rcCircle.BottomRight());

    pDC->SelectObject(old);
}
```

（5）类似地，为 CEx_ClockDlg 类添加下列绘制钟盘的成员函数 DrawClockPlate()。

```
void CEx_ClockDlg::DrawClockPlate(void)
{
    CWnd* pWnd = GetDlgItem(IDC_STATIC_CLOCK);
    pWnd->UpdateWindow();
    CDC* pDC = pWnd->GetDC();               //获得窗口当前的设备环境指针
    CRect    rcClient;
    pWnd->GetClientRect(&rcClient);
    pDC->FillSolidRect(rcClient, ::GetSysColor(COLOR_3DFACE));
    m_ptCenter   = rcClient.CenterPoint();
```

```cpp
int     nRadius     = rcClient.Width()/2;
if(nRadius>rcClient.Height()/2)
    nRadius = rcClient.Height()/2;
m_nRadius = nRadius;


double   fHAngle    = 2.0 * 3.14159/12.0;
double   fMSAngle   = 2.0 * 3.14159/60.0;
CRect    rcHour;
//绘制表盘中的 12,3,6,9 点和其余各点

double    fCurAngle;
double fOtherHour  = double(nRadius-6);
CPoint    ptCurHour;
for(int i= 0; i<12; i++)
{
    if(i%3 != 0)
    {
        fCurAngle    = fHAngle * (double)i;
        //将 rcHour 旋转
        ptCurHour.x   = (int)(fOtherHour * cos(fCurAngle));
        ptCurHour.y   = (int)(fOtherHour * sin(fCurAngle));
        ptCurHour.Offset(m_ptCenter);

        rcHour.SetRect(ptCurHour.x-2, ptCurHour.y-2,
                ptCurHour.x+2, ptCurHour.y+2);
    } else
    {
        if(i ==  0)                //3点
        {
            rcHour.SetRect(-6, -2, 6, 2);
            rcHour.OffsetRect(m_ptCenter);
            rcHour.OffsetRect(nRadius-10, 0);
        } else if(i ==  3)        //6点
        {
            rcHour.SetRect(-2, -6, 2, 6);
            rcHour.OffsetRect(m_ptCenter);
            rcHour.OffsetRect(0, nRadius-10);
        } else if(i ==  6)        //9点
        {
            rcHour.SetRect(-6, -2, 6, 2);
            rcHour.OffsetRect(m_ptCenter);
            rcHour.OffsetRect(-nRadius+10, 0);
        }else if(i ==  9)         //12点
```

```
            {
                rcHour.SetRect(-2, -6, 2, 6);
                rcHour.OffsetRect(m_ptCenter);
                rcHour.OffsetRect(0, -nRadius+10);
            }
        }
        pDC->Draw3dRect(rcHour, ::GetSysColor(COLOR_3DHILIGHT),
            ::GetSysColor(COLOR_3DSHADOW));
    }
    CRect rcCircle;
    int nSize = 5;
    rcCircle.SetRect(-nSize, -nSize, nSize, nSize);
    rcCircle.OffsetRect(m_ptCenter);
    CPen    pen(PS_SOLID, 1, RGB(0x33, 0x00, 0x33));
    CPen    * old   = pDC->SelectObject(&pen);
    pDC->Arc(rcCircle, rcCircle.BottomRight(),rcCircle.BottomRight());
    pDC->SelectObject(old);

    //获取当前时间
    CTime curTime = CTime::GetCurrentTime();
    int curHour   = curTime.GetHour();
    int curMin    = curTime.GetMinute();
    int curSec    = curTime.GetSecond();

    float fCalHour = (float)(curHour %12)+(float)curMin/60.0f;

    if(m_fPrevHour<0.0f)
    {
        m_fPrevHour  = fCalHour;
        m_nPrevMin   = curMin;
        m_nPrevSec   = curSec;
    }
    int    nOldROP   = pDC->SetROP2(R2_XORPEN);
    DrawClockArm(pDC, m_ptCenter, nRadius-20, m_fPrevHour, 12);
    DrawClockArm(pDC, m_ptCenter, nRadius-6, (float)m_nPrevMin, 60);
    DrawClockSec(pDC, m_ptCenter, nRadius-4, m_nPrevSec);
    pDC->SetROP2(nOldROP);
}
```

（6）在 CEx_ClockDlg∷OnPaint()中添加下列代码。

```
void CEx_ClockDlg::OnPaint()
{
    if(IsIconic())
    {...
```

```
    }
    else
    {
        CDialogEx::OnPaint();
        DrawClockPlate();
    }
}
```

(7) 编译并运行。

6.1.3 映射 WM_TIMER 消息

计时器能周期性地按一定的时间间隔向应用程序发送 WM_TIMER 消息。由于它能实现"实时更新"以及"后台运行"等功能，因而计时器是一个难得的程序方法。在应用程序中，可通过 CWnd 类的成员函数 SetTimer() 和 KillTimer() 来启动和停止计时器。这样，就有下列步骤。

(1) 在 CEx_ClockDlg::OnInitDialog() 中添加下列代码。

```
BOOL CEx_ClockDlg::OnInitDialog()
{
    CDialogEx::OnInitDialog();
    ...
    SetTimer(1, 200, NULL);              //每 200ms 发送一次
    m_fPrevHour    = -1.0f;
    return TRUE;                         //除非将焦点设置到控件,否则返回 TRUE
}
```

(2) 在 CEx_ClockDlg 类"属性"窗口的"消息"页面中，添加 WM_TIMER 消息的默认映射，并在映射函数中添加下列代码。

```
void CEx_ClockDlg::OnTimer(UINT_PTR nIDEvent)
{
    if(nIDEvent == 1)
    {
        CWnd * pWnd = GetDlgItem(IDC_STATIC_CLOCK);
        pWnd->UpdateWindow();
        CDC * pDC = pWnd->GetDC();       //获得窗口当前的设备环境指针

        //使用 XOR 方式
        int       nOldROP    = pDC->SetROP2(R2_XORPEN);

        //获取当前时间
        CTime curTime = CTime::GetCurrentTime();
```

```
        int curHour = curTime.GetHour();
        int curMin = curTime.GetMinute();
        int curSec = curTime.GetSecond();

        float fCalHour = (float)(curHour %12)+(float)curMin/60.0f;
        if(m_fPrevHour != fCalHour)     {
            DrawClockArm(pDC, m_ptCenter, m_nRadius-20, m_fPrevHour, 12);
            m_fPrevHour = fCalHour;
            DrawClockArm(pDC, m_ptCenter, m_nRadius-20, m_fPrevHour, 12);
        }
        if(m_nPrevMin ! = curMin)      {
            DrawClockArm(pDC, m_ptCenter, m_nRadius-6,
                           (float)m_nPrevMin, 60);
            m_nPrevMin = curMin;
            DrawClockArm(pDC, m_ptCenter, m_nRadius-6,
                           (float)m_nPrevMin, 60);
        }
        if(m_nPrevSec !=curSec)        {
            DrawClockSec(pDC, m_ptCenter, m_nRadius-4, m_nPrevSec);
            m_nPrevSec = curSec;
            DrawClockSec(pDC, m_ptCenter, m_nRadius-4, m_nPrevSec);
        }
        pDC->SetROP2(nOldROP);
    }
    CDialogEx::OnTimer(nIDEvent);
}
```

（3）在 CEx_ClockDlg 类"属性"窗口的"消息"页面中，添加 WM_CLOSE 消息的默认映射，并在映射函数中添加下列代码。

```
void CEx_ClockDlg::OnClose()
{
    KillTimer(1);
    CDialogEx::OnClose();
}
```

（4）编译并运行，结果如图 6.1 所示。

6.2 一个简单的 CAD 程序

在 CAD 程序设计中，首先图形绘制应是面向图纸空间的，即需要将设备坐标及其空间转换成逻辑坐标及空间，CDC 类的 SetMapMode() 就是实现这个功能的函数；其次，图形绘制常使用动态定位技术，如橡皮条和牵引等。

本实验（实训）中的 Ex_CAD 是一个如图 6.3 所示的简单 CAD 应用程序。选择"绘图"

下的菜单项,可动态地绘制直线、圆和矩形等多种图元;选择"修改"下的菜单项,可更改当前已选择图元的线宽和线型等。同时,图元的各种数据还将通过可序列化类 CMetaData 进行数据的文件存取。

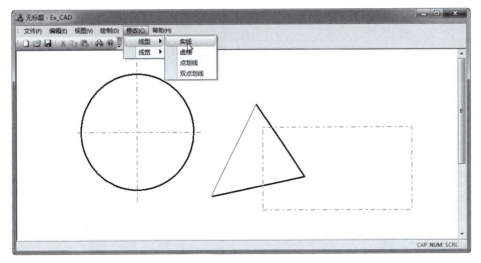

图 6.3 Ex_CAD 运行结果

具体的实验(实训)过程如下。
(1) 框架和数据流。
(2) 动态绘制。
(3) 对象拾取。
(4) 属性修改。

6.2.1 框架和数据流

具体步骤如下。

(1) 选择"文件"→"新建"→"项目"菜单命令或按快捷键 Ctrl+Shift+N 或单击顶层菜单下的标准工具栏中的 按钮,弹出"新建项目"对话框。在"已安装的模板"栏下选中 Visual C++ 下的 MFC 结点,在中间的模板栏中选中 MFC 应用程序 。在"新建项目"对话框的"名称"编辑框中输入名称"Ex_CAD"。同时,要取消勾选"为解决方案创建目录"复选框。

(2) 单击 确定 按钮,出现"MFC 应用程序向导"欢迎页面,单击 下一步> 按钮,出现"应用程序类型"页面。选中"单个文档"应用程序类型,取消勾选"使用 Unicode 库"复选框,选中右侧的"项目类型"的"MFC 标准",取消勾选"启用视觉样式切换"复选框。单击左侧"用户界面功能",取消勾选"用户定义的工具栏和图像"及"个性化菜单行为"复选框。

(3) 单击左侧"生成的类",将 CEx_CADView 的基类选为 CScrollView。保留其他默认选项,单击 完成 按钮。系统开始创建,并又回到了 Visual C++ 主界面。打开 stdafx.h 文档,滚动到最后代码行,将"♯ifdef _UNICODE"和最后一行的"♯endif"删除(注释掉)。

(4) 选择"项目"→"类向导"菜单或按快捷键 Ctrl+Shift+X,弹出"MFC 类向导"对话框。单击右侧"添加类"按钮的下拉按钮,从弹出的下拉选项中选择"MFC 类",弹出"MFC

添加类向导"对话框,将"基类"选为 CObject,输入"类名"为"CMetaData",如图 6.4 所示,单击 完成 按钮。关闭"MFC 类向导"对话框。

图 6.4 添加 CMetaData 类

(5) 在打开的 MetaData.h 文件中添加下列代码。

```
...
class CMetaData: public CObject
{
public:
    CMetaData();
    virtual ~CMetaData();
    void Serialize(CArchive &ar);
public:                    //这种方式虽不安全,但能简化代码
    int        nMetaType;      //图元类型: 1X-线类、2X-圆类、3X-框类
    CPoint     ptBase;         //图元基点
    CPoint     ptMeta;         //图元上的另一个点
    float      fLength;        //图元参考长度
    int        nLineType;      //线型
    int        nLineWidth;     //线宽
    DECLARE_SERIAL(CMetaData)  //序列化声明
};
```

(6) 打开 MetaData.cpp 文件,添加下列代码。

```cpp
CMetaData::CMetaData()
{
}
CMetaData::~CMetaData()
{
}
//CMetaData 成员函数
IMPLEMENT_SERIAL(CMetaData, CObject, 1)        //序列化实现
void CMetaData::Serialize(CArchive &ar)
{
    if(ar.IsStoring())
        ar  <<nMetaType<<ptBase<<ptMeta<<fLength<<nLineType<<nLineWidth;
    else
        ar  >>nMetaType>>ptBase>>ptMeta>>fLength>>nLineType>>nLineWidth;
}
```

(7) 将项目工作区窗口切换到"类视图"页面,为 CEx_CADDoc 类添加下列成员变量,用来保存添加的 CMetaData 类对象数据。

```cpp
//操作
public:
    CObArray         m_cobArray;                //对象集合类对象
```

(8) 在 CEx_CADDoc 类析构函数~CEx_CADDoc()中添加下列删除并释放对象的代码。

```cpp
CEx_CADDoc::~CEx_CADDoc()
{
    int nIndex = m_cobArray.GetSize();
    while(nIndex--)
        delete m_cobArray.GetAt(nIndex);        //删除并释放对象的内存空间
    m_cobArray.RemoveAll();
}
```

(9) 在 CEx_CADDoc∷Serialize()函数中添加下列代码。

```cpp
void CEx_CADDoc::Serialize(CArchive& ar)
{
    if(ar.IsStoring())
    {}else
    {}
    m_cobArray.Serialize(ar);
}
```

(10) 编译并运行。

6.2.2 动态绘制

具体步骤如下。

(1) 用"添加成员函数向导"为 CEx_CADView 类添加函数 GetDrawColor() 和 GetPenStyle()，用来根据当前的线型返回国标规定的颜色以及线型所对应的画笔样式。

```cpp
COLORREF CEx_CADView::GetDrawColor(int nLineType)
{
    COLORREF    color = RGB(0, 0, 0);
    if(nLineType == 1)
        color = RGB(192, 0, 0);
    else if(nLineType == 2)
        color = RGB(192, 0, 192);
    else if(nLineType == 3)
        color = RGB(225, 225, 0);
    return color;
}
int CEx_CADView::GetPenStyle(int nLineType)
{
    int       nPenStyle = PS_SOLID;
    if        (nLineType == 2)
        nPenStyle = PS_DASHDOT;
    else if   (nLineType == 3)
        nPenStyle = PS_DASHDOTDOT;
    else if   (nLineType == 1)
        nPenStyle = PS_DASH;
    return nPenStyle;
}
```

(2) 用"添加成员函数向导"为 CEx_CADView 类添加绘制图元及其中间过程的函数 DrawMeta() 和 DrawRubber()，它们的代码如下。

```cpp
void CEx_CADView::DrawMeta(CDC * pDC, CMetaData * one, bool bRubber)
{
    int       nPenStyle    = GetPenStyle(one->nLineType);
    COLORREF  color        = GetDrawColor(one->nLineType);
    int       nWidth       = one->nLineWidth;
    int       oldRop;
    if(bRubber)
    {
        color       = RGB(66, 66, 66);
        oldRop      = pDC->SetROP2(R2_XORPEN);
        nWidth      = 0;
```

```cpp
    } else if(nPenStyle != PS_SOLID)
        nWidth    = 0;

    CPen pen(nPenStyle, nWidth, color);
    CPen * old    = pDC->SelectObject(&pen);

    int    nType = one->nMetaType/10;

    if(nType == 1)                      //直线类
    {
        pDC->MoveTo(one->ptBase);       pDC->LineTo(one->ptMeta);
    } else    if(nType == 2)            //圆类
    {
        int r = (int)(one->fLength);
        CRect    rcCir(one->ptBase.x-r, one->ptBase.y-r,
                    one->ptBase.x+r, one->ptBase.y+r);
        rcCir.NormalizeRect();
        pDC->Arc(rcCir, one->ptMeta, one->ptMeta);
    } else    if(nType == 3)            //矩形类
    {
        CRect r(one->ptBase, one->ptMeta);
        r.NormalizeRect();
        pDC->MoveTo(r.left, r.top);
        pDC->LineTo(r.right, r.top);
        pDC->LineTo(r.right, r.bottom);
        pDC->LineTo(r.left, r.bottom);
        pDC->LineTo(r.left, r.top);
    }
    pDC->SelectObject(old);
    if(bRubber)
        pDC->SetROP2(oldRop);
}
void CEx_CADView::DrawRubber(CDC * pDC, int nMetaType,
                            CPoint ptBase, CPoint ptEnd)
{
    CMetaData    one;
    one.nMetaType    = nMetaType;
    one.nLineType    = PS_SOLID;
    one.nLineWidth   = 0;
    one.ptBase       = ptBase;
    one.ptMeta       = ptEnd;

    double    dx    = (double)(ptEnd.x - ptBase.x);
    double    dy    = (double)(ptEnd.y - ptBase.y);
    one.fLength     = (float)(sqrt(dx * dx + dy * dy));

    DrawMeta(pDC, &one, true);
}
```

(3) 在 Ex_CADView.h 中添加下列成员变量以及 CMetaData 类头文件包含。

```cpp
#include "MetaData.h"
class CEx_CADView : public CScrollView
{
public:
    CPoint      m_ptArray[10];
    int         m_nCurPtNum;
    int         m_nCurLineType;        //当前线型
    int         m_nCurLineWidth;       //当前线宽
    int         m_nCurDrawCommand;     //当前绘图命令号
    BOOL        m_bIsDrawStart;        //绘图开始
    BOOL        m_bIsRubberStart;      //橡皮条开始
    BOOL        m_bIsDrawOKEnd;        //绘图正常结束
```

(4) 在 Ex_CADView.cpp 的前面添加下列头文件，代码如下。

```cpp
#include "Ex_CADDoc.h"
#include "Ex_CADView.h"
#include "cmath"
```

(5) 将 CEx_CADView::OnInitialUpdate() 函数代码修改如下。

```cpp
void CEx_CADView::OnInitialUpdate()
{
    CScrollView::OnInitialUpdate();
    CDC *pDC = this->GetDC();
    pDC->SetMapMode(MM_LOMETRIC);           //0.1mm 单位
    pDC->SetBkMode(TRANSPARENT);

    //设置绘图区大小横放 A4
    CSize sizeTotal;
    sizeTotal.cx = 2970;
    sizeTotal.cy = 2100;
    SetScrollSizes(MM_LOMETRIC, sizeTotal);

    //设置初始的值
    m_nCurDrawCommand   = 0;
    m_nCurPtNum         = 0;
    m_bIsDrawStart      = FALSE;
    m_bIsRubberStart    = FALSE;
    m_nCurLineType      = 0;            //连续线
    m_nCurLineWidth     = 10;           //1mm
}
```

(6) 在 CEx_CADView 类"属性"窗口的"消息"页面中,依次添加 WM_SETCURSOR、WM_MOUSEMOVE 和 WM_LBUTTONDOWN 消息的默认映射,并在映射函数中添加下列代码。

```
BOOL CEx_CADView::OnSetCursor(CWnd* pWnd, UINT nHitTest, UINT message)
{
    SetCursor(AfxGetApp()->LoadStandardCursor(IDC_CROSS));
    return TRUE;//CScrollView::OnSetCursor(pWnd, nHitTest, message);
}
void CEx_CADView::OnMouseMove(UINT nFlags, CPoint point)
{
    int     nCommand    = m_nCurDrawCommand/10;
    if((nCommand>0) && (m_bIsDrawStart))        //绘制命令开始
    {
        CDC     *pDC    = GetDC();
        pDC->SetMapMode(MM_LOMETRIC);
        CPoint  ptLP    = point;
        pDC->DPtoLP(&ptLP);
        if(m_bIsRubberStart)
        {
            //擦除原来,重绘现在的
            DrawRubber(pDC, m_nCurDrawCommand,
                m_ptArray[m_nCurPtNum-1], m_ptArray[m_nCurPtNum]);
            m_ptArray[m_nCurPtNum] = ptLP;
            DrawRubber(pDC, m_nCurDrawCommand,
                m_ptArray[m_nCurPtNum-1], m_ptArray[m_nCurPtNum]);
        }
    }
    CScrollView::OnMouseMove(nFlags, point);
}
void CEx_CADView::OnLButtonDown(UINT nFlags, CPoint point)
{
    int     nCommand    = m_nCurDrawCommand/10;
    if((nCommand>0) && (m_bIsDrawStart))        //绘制命令开始
    {
        CDC     *pDC    = GetDC();
        pDC->SetMapMode(MM_LOMETRIC);
        CPoint  ptLP    = point;
        pDC->DPtoLP(&ptLP);
        //绘制十字标记
        CPen    penCross(PS_SOLID, 0, RGB(96,96,96));
        CPen    *old = pDC->SelectObject(&penCross);
        pDC->MoveTo(ptLP.x-15, ptLP.y);
        pDC->LineTo(ptLP.x+15, ptLP.y);
```

```cpp
pDC->MoveTo(ptLP.x, ptLP.y-15);
pDC->LineTo(ptLP.x, ptLP.y+15);
pDC->SelectObject(old);

if((m_bIsRubberStart) && (nCommand>=1))     //处在橡皮状态的绘制
{
    m_bIsRubberStart        =FALSE;
    //擦去最后一次橡皮条
    DrawRubber(pDC, m_nCurDrawCommand,
                    m_ptArray[m_nCurPtNum-1],
                    m_ptArray[m_nCurPtNum]);
    //绘制正常结束
    m_bIsDrawOKEnd          =TRUE;
}
//记录当前点
m_ptArray[m_nCurPtNum] =ptLP;    m_nCurPtNum++;
//是否启动橡皮条
if((nCommand>=1) && (m_nCurPtNum ==1))      //绘制类
{
    m_bIsRubberStart        = TRUE;         //启动橡皮条
    m_ptArray[m_nCurPtNum]  = ptLP;
    DrawRubber(pDC, m_nCurDrawCommand,
          m_ptArray[m_nCurPtNum-1], m_ptArray[m_nCurPtNum]);
}
if((m_bIsDrawOKEnd) && (nCommand>= 1))      //处理正常结束的绘制
{
    CMetaData *pData    = new CMetaData;
    pData->nMetaType    = m_nCurDrawCommand;
    pData->ptBase       = m_ptArray[0];
    pData->ptMeta       = m_ptArray[1];
    if(nCommand == 2)   //圆类
    {
        double    dx    = (double)(m_ptArray[1].x-m_ptArray[0].x);
        double    dy    = (double)(m_ptArray[1].y-m_ptArray[0].y);
        double    r     = sqrt(dx*dx+dy*dy);
        pData->fLength  = (float)r;
    }
    pData->nLineType    = m_nCurLineType;
    pData->nLineWidth   = m_nCurLineWidth;
    //添加到文档类的对象集合中,同时绘制
    CEx_CADDoc *pDoc    = GetDocument();
    pDoc->m_cobArray.Add(pData);
    pDoc->SetModifiedFlag();
    DrawMeta(pDC, pData, false);
```

```
            //恢复初始状态
            m_nCurDrawCommand    = 0;
            m_nCurPtNum          = 0;
            m_bIsDrawStart       = FALSE;
            m_bIsRubberStart     = FALSE;
            m_bIsDrawOKEnd       = FALSE;
        }
    }
    CScrollView::OnLButtonDown(nFlags, point);
}
void CEx_CADView::OnRButtonUp(UINT/*nFlags*/, CPoint point)
{
    int       nCommand    =m_nCurDrawCommand/10;
    if((nCommand>0) && (m_bIsDrawStart))        //绘制命令
    {
        CDC     * pDC     =GetDC();
        pDC->SetMapMode(MM_LOMETRIC);
        CPoint    ptLP    =point;
        pDC->DPtoLP(&ptLP);
        if(m_bIsRubberStart)    {
            DrawRubber(pDC, m_nCurDrawCommand,
                m_ptArray[m_nCurPtNum-1], m_ptArray[m_nCurPtNum]);
        }
        m_nCurPtNum--;
        if(m_nCurPtNum <= 0)    {
            m_nCurPtNum = 0;
            m_bIsRubberStart      = FALSE;
        }
        return;
    }
    ClientToScreen(&point);
    OnContextMenu(this, point);
}
```

(7) 将项目工作区窗口切换到"资源视图"页面,打开菜单资源 IDR_MAINFRAME,添加"绘制(&D)"顶层菜单,并将它移到"视图"和"帮助"菜单项之间。在"绘制(&D)"菜单下添加"两点线"(ID_DRAW_LINE)、"(中心,半径)圆"(ID_DRAW_CRCIR)和"矩形"(ID_DRAW_RECT)三个子菜单项。

(8) 先后右击子菜单项 ID_DRAW_LINE、ID_DRAW_CRCIR 和 ID_DRAW_RECT,在弹出快捷菜单中选择"添加事件处理程序"命令,在弹出的向导对话框中,选中 CEx_CADView 类,为其添加 COMMAND 消息映射,保留默认的事件映射函数名,添加下列代码。

```cpp
void CEx_CADView::OnDrawLine()
{
    m_nCurDrawCommand      = 11;
    m_nCurPtNum            = 0;
    m_bIsDrawStart         = TRUE;
    m_bIsRubberStart       = FALSE;
    m_bIsDrawOKEnd         = FALSE;
}
void CEx_CADView::OnDrawCrcir()
{
    m_nCurDrawCommand      = 21;
    m_nCurPtNum            = 0;
    m_bIsDrawStart         = TRUE;
    m_bIsRubberStart       = FALSE;
    m_bIsDrawOKEnd         = FALSE;
}
void CEx_CADView::OnDrawRect()
{
    m_nCurDrawCommand      = 31;
    m_nCurPtNum            = 0;
    m_bIsDrawStart         = TRUE;
    m_bIsRubberStart       = FALSE;
    m_bIsDrawOKEnd         = FALSE;
}
```

（9）在 CEx_CADView::OnDraw()中添加下列代码。

```cpp
void CEx_CADView::OnDraw(CDC * pDC)
{
    CEx_CADDoc * pDoc = GetDocument();
    ASSERT_VALID(pDoc);
    if(!pDoc)     return;
    int nCount = pDoc->m_cobArray.GetSize();
    pDC->SetMapMode(MM_LOMETRIC);
    for(int i=0; i<nCount; i++)    {
        CMetaData * pData = (CMetaData *)(pDoc->m_cobArray.GetAt(i));
        DrawMeta(pDC, pData, false);
    }
    int    nCommand = m_nCurDrawCommand/10;
    if((m_bIsRubberStart) && (nCommand >= 1))      //处在橡皮状态的绘制
    {
        //擦去最后一次橡皮条
        DrawRubber(pDC, m_nCurDrawCommand,
```

```
                m_ptArray[m_nCurPtNum-1],
                m_ptArray[m_nCurPtNum]);
        }
}
```

(10) 编译运行并测试,结果如图 6.5 所示。

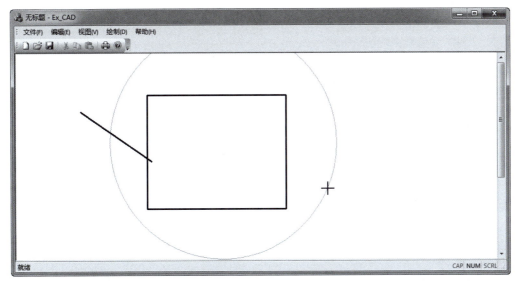

图 6.5 Ex_CAD 第一次运行

6.2.3 对象拾取

需求:当选择"修改"下的菜单项时,此时的鼠标指针变成 o 形,当选中已绘制的图元时,该图元变成虚线。为了支持多个图元的选择,需要构造一个"选取器",每次成功选取图元时都会进入"选取器",若选中的图元已被选择,则取消该图元的选取状态,恢复原来的样式。当右击鼠标时,选取结束。若"选取器"中有选择的对象,则执行相应的修改。

具体步骤如下。

(1) 用"添加成员函数向导"为 CMainFrame 类添加成员函数 DispHints( ),其代码如下。

```
void CMainFrame::DispHints(CString strHint, int pane)
{
    m_wndStatusBar.SetPaneText(pane, strHint);
}
```

(2) 在 Ex_CADView.cpp 文件的开始处添加 CMainFrame 类的头文件,代码如下。

```
#include "Ex_CADDoc.h"
#include "Ex_CADView.h"
```

```
#include "MainFrm.h"
#include "cmath"
```

(3) 打开 Ex_CADView.h 文件，在 CEx_CADView 类中添加"选择器"的下列成员。

```
class CEx_CADView : public CScrollView
{
public:
    CUIntArray   m_selArray;
    BOOL         m_bIsSelStart;
```

(4) 在项目工作区窗口当前页面中，选中根结点，然后选择"项目"→"添加资源"菜单命令，打开"插入资源"对话框，从中选择 Cursor(光标)资源类型，单击 新建(N) 按钮，出现图像编辑器。擦除当前光标图像，使用绘制工具"矩形"绘制一个 8×8px 大小的黑色矩形框，然后使用"铅笔"工具在屏幕颜色处单击，接着在已绘制的矩形框的四个角单击，最后在图形编辑器工具栏上单击"设置作用点工具"按钮，在矩形的(3,3)位置处单击，如图 6.6 所示，设置光标作用点(热点)位置。

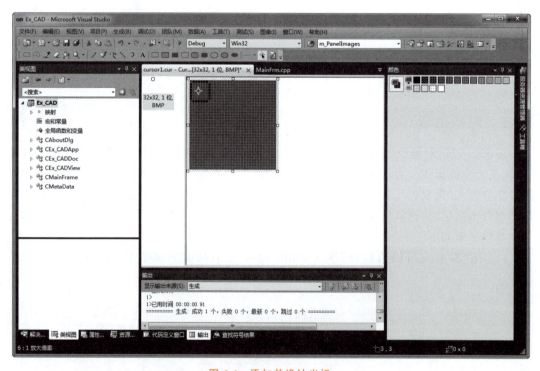

图 6.6 添加并设计光标

(5) 分别在 CEx_CADView::OnInitialUpdate() 和 CEx_CADView::OnSetCursor() 中添加或修改成下列代码。

```
void CEx_CADView::OnInitialUpdate()
{
   ...
   m_bIsSelStart    = FALSE;
}
BOOL CEx_CADView::OnSetCursor(CWnd * pWnd, UINT nHitTest, UINT message)
{
   if(m_bIsSelStart)
       SetCursor(AfxGetApp()->LoadCursor(IDC_CURSOR1));
   else
       SetCursor(AfxGetApp()->LoadStandardCursor(IDC_CROSS));
   return TRUE;//CScrollView::OnSetCursor(pWnd, nHitTest, message);
}
```

(6) 用"添加成员函数向导"为 CEx_CADView 类添加成员函数 DrawSelectedMeta()，用来绘制选中的图元。

```
void CEx_CADView::DrawSelectedMeta(CDC * pDC, CMetaData * one)
{
   int oneLineType = one->nLineType;
   one->nLineType = PS_DOT;
   DrawMeta(pDC, one, true);
   one->nLineType = oneLineType;
}
```

(7) 用"添加成员函数向导"为 CEx_CADView 类添加 IsPtOnMeta() 和 AddSel() 函数，用来判断点是否选中图元。若选中则绘制选中状态，且添加到选择器中；若选中已选中的图元，则恢复选中状态，且从选择器中去除。

```
bool CEx_CADView::IsPtOnMeta(CMetaData * pData, CPoint ptSel)
{
   int    nType    = pData->nMetaType/10;
   if(nType == 1)                     //直线类
   {
      int    nXmin, nXmax, nYmin, nYmax, nTemp;
      nXmin    = pData->ptBase.x;       nXmax    = pData->ptMeta.x;
      if(nXmin>nXmax)
      {
          nTemp    = nXmin;   nXmin    = nXmax;   nXmax    = nTemp;
      }
      nYmin    = pData->ptBase.y;       nYmax    = pData->ptMeta.y;
      if(nYmin>nYmax)
      {
```

```cpp
            nTemp    = nYmin;    nYmin    = nYmax;    nYmax    = nTemp;
        }
        if(((ptSel.x >= nXmin) && (ptSel.x <= nXmax)) &&
            ((ptSel.y >= nYmin) && (ptSel.y <= nYmax)))
        {
            double fDX = (double)(pData->ptMeta.x-pData->ptBase.x);
            double fDY = (double)(pData->ptMeta.y-pData->ptBase.y);
            if(fabs(fDX)>fabs(fDY))
            {
                if(fabs(fDX)<= 10.0) return TRUE;
                double  u  = ((double)(ptSel.x-pData->ptMeta.x))/fDX;
                double  uCalY  = u * fDY+pData->ptMeta.y;
                if(fabs(uCalY-ptSel.y)<= 5.0) return TRUE;
            } else
            {
                if(fabs(fDY) <= 10.0) return TRUE;
                double  u  = ((double)(ptSel.y-pData->ptMeta.y))/fDY;
                double  uCalX  = u * fDY+pData->ptMeta.x;
                if(fabs(uCalX-ptSel.x)<= 5.0) return TRUE;
            }
        }
    } else   if(nType == 2)               //圆类
    {
        double    fDX = (double)(ptSel.x-pData->ptBase.x);
        double    fDY = (double)(ptSel.y-pData->ptBase.y);
        double    fCalR = sqrt(fDX * fDX+fDY * fDY);
        if(fabs(fCalR-pData->fLength) <= 5.0) return TRUE;
    } else   if(nType == 3)               //矩形类
    {
        CRect rcMeta(pData->ptBase, pData->ptMeta);
        rcMeta.NormalizeRect();
        //是否在左、右侧边
        if((ptSel.y >= rcMeta.top) && (ptSel.y <= rcMeta.bottom))
        {
            if(fabs(float(ptSel.x-rcMeta.left)) <= 5.0f)
                return TRUE;
            if(fabs(float(ptSel.x-rcMeta.right)) <= 5.0f)
                return TRUE;
        }
        //是否在上、下侧边
        if((ptSel.x <= rcMeta.right) && (ptSel.x >= rcMeta.left))
        {
            if(fabs(float(ptSel.y-rcMeta.top)) <= 5.0f)
                return TRUE;
```

```cpp
                if(fabs(float(ptSel.y-rcMeta.bottom)) <= 5.0f)
                    return TRUE;
        }
    }
    return FALSE;
}
int CEx_CADView::AddSel(CPoint ptSel)
{
    CEx_CADDoc * pDoc    = GetDocument();
    int      nMetaSum    = pDoc->m_cobArray.GetSize();
    if(nMetaSum<1) return 0;

    //获得主窗口指针
    CMainFrame * pFrame  = (CMainFrame *)AfxGetApp()->m_pMainWnd;
    CDC *        pDC     = GetDC();
    pDC->SetMapMode(MM_LOMETRIC);
    CString str;
    //从最新绘制到最后绘制的次序
    int    nAddIndex = -1;
    for(int i =nMetaSum-1; i>=0; i--)
    {
        CMetaData * pData =(CMetaData *)(pDoc->m_cobArray.GetAt(i));
        if(IsPtOnMeta(pData, ptSel))
        {
            nAddIndex    = i;
            for(int nSelIndex = 0;
                    nSelIndex<m_selArray.GetSize(); nSelIndex++)
            {
                if(((UINT)nAddIndex) ==m_selArray.GetAt(nSelIndex))
                {
                    //恢复原来的选择项
                    DrawSelectedMeta(pDC, pData);
                    m_selArray.RemoveAt(nSelIndex);
                    nAddIndex = -1;
                    str.Format("去除 1 个选择项,当前已选择 %d 个对象。",
                            m_selArray.GetSize());
                    pFrame->DispHints(str, 0);
                    break;
                }
            }
            if(nAddIndex >=0) {
                m_selArray.Add(nAddIndex);
                DrawSelectedMeta(pDC, pData);
                str.Format("当前已选择 %d 个对象。", m_selArray.GetSize());
```

```
                    pFrame->DispHints(str, 0);
                }
            }
        }
        return 0;
}
```

(8) 编译。

6.2.4 属性修改

(1) 将项目工作区窗口切换到"资源视图"页面,打开菜单资源 IDR_MAINFRAME,添加"修改(&C)"顶层菜单,并将它移到"绘制"和"帮助"菜单项之间。在"修改(&C)"菜单下添加"线型"和"线宽"两个子菜单项。

(2) 在"线型"菜单中添加子菜单项"实线""虚线""点划线"和"双点划线",其 ID 分别设为 ID_LS_SOLID、ID_LS_DASH、ID_LS_DASHDOT 和 ID_LS_DASHDOTDOT。

(3) 在"线宽"菜单中添加子菜单项"粗线 1.0""粗线 0.7"和"细线 0.25",其 ID 分别设为 ID_LW_100、ID_LW_70 和 ID_LW_25。

(4) 先编译,再选择"项目"→"类向导"菜单或按快捷键 Ctrl+Shift+X,弹出"MFC 类向导"对话框。将"类名"选为 CEx_CADView,在"命令"页面的"对象 ID"列表中,分别先后选中"线型"和"线宽"各子菜单项 ID,双击"消息"列表中的 COMMAND 消息,在弹出的"添加成员函数"对话框中,保留默认的映射函数名,单击"确定"按钮。单击 编辑代码(E) 按钮,添加下列代码。

```
void CEx_CADView::OnLsSolid()
{
    m_nCurDrawCommand      = 1;
    m_nCurLineType         = 0;
    m_bIsSelStart          = TRUE;
}
void CEx_CADView::OnLsDash()
{
    m_nCurDrawCommand      = 1;
    m_nCurLineType         = 1;
    m_bIsSelStart          = TRUE;
}
void CEx_CADView::OnLsDashdot()
{
    m_nCurDrawCommand      = 1;
    m_nCurLineType         = 2;
    m_bIsSelStart          = TRUE;
}
```

```
void CEx_CADView::OnLsDashdotdot()
{
    m_nCurDrawCommand    = 1;
    m_nCurLineType       = 3;
    m_bIsSelStart        = TRUE;
}
void CEx_CADView::OnLw100()
{
    m_nCurDrawCommand    = 2;
    m_nCurLineWidth      = 10;
    m_bIsSelStart        = TRUE;
}
void CEx_CADView::OnLw70()
{
    m_nCurDrawCommand    = 2;
    m_nCurLineWidth      = 7;
    m_bIsSelStart        = TRUE;
}
void CEx_CADView::OnLw25()
{
    m_nCurDrawCommand    = 2;
    m_nCurLineWidth      = 2;
    m_bIsSelStart        = TRUE;
}
```

(5) 为 CEx_CADView 类添加成员函数 DoChangeStyleAndWidth()。

```
void CEx_CADView::DoChangeStyleAndWidth(int nStyle, int nWidth)
{
    int    nSelCount    = m_selArray.GetSize();
    if(nSelCount<1) return;

    CEx_CADDoc * pDoc    = GetDocument();
    //获得主窗口指针
    CMainFrame * pFrame  = (CMainFrame *)AfxGetApp()->m_pMainWnd;
    CDC *       pDC      = GetDC();
    pDC->SetMapMode(MM_LOMETRIC);
    for(int i=0; i<nSelCount; i++)
    {
        int nIndex = (int)(m_selArray.GetAt(i));
        CMetaData * pData = (CMetaData *)(pDoc->m_cobArray.GetAt(nIndex));
        if(nStyle >= 0)
            pData->nLineType    =nStyle;
        if(nWidth >= 0)
```

```
            pData->nLineWidth    = nWidth;
        DrawMeta(pDC, pData, false);
    }
    CString str;
    str.Format(" %d 对象已修改!", nSelCount);
    pFrame->DispHints(str, 0);
    m_selArray.RemoveAll();
    Invalidate();
}
```

(6) 修改并完善 CEx_CADView::OnLButtonDown()和 CEx_CADView::OnRButtonDown()
中的代码。

```
void CEx_CADView::OnLButtonDown(UINT nFlags, CPoint point)
{
    int         nCommand    = m_nCurDrawCommand/10;
    if((nCommand>0) && (m_bIsDrawStart))        //绘制命令开始
    {
    ...
    }
    else if((m_nCurDrawCommand) && (m_bIsSelStart))
    {
        CDC *    pDC       = GetDC();
        pDC->SetMapMode(MM_LOMETRIC);
        CPoint    ptLP     = point;
        pDC->DPtoLP(&ptLP);
        AddSel(ptLP);
    }
        CScrollView::OnLButtonDown(nFlags, point);
}
void CEx_CADView::OnRButtonUp(UINT/* nFlags */, CPoint point)
{
    int         nCommand    = m_nCurDrawCommand/10;
    if((nCommand>0) && (m_bIsDrawStart))        //绘制命令
    {
    ...
    }
    else if((m_nCurDrawCommand) && (m_bIsSelStart))
    {
        m_bIsSelStart       = FALSE;
        if          (m_nCurDrawCommand == 1)
            DoChangeStyleAndWidth(m_nCurLineType, -1);
        else if     (m_nCurDrawCommand == 2)
```

```
            DoChangeStyleAndWidth(-1, m_nCurLineWidth);
        m_nCurDrawCommand    = 0;

        return;
    }
    ClientToScreen(&point);
    OnContextMenu(this, point);
}
```

(7) 编译运行并测试,结果如图 6.3 所示。

6.3 文 字 特 效

随着文字处理技术不断地推陈出新,文字的表现已不单纯是字体的改变,而是往往具有 3D 效果、渐变颜色以及各种变形等。需要说明的是,在 CDC 类中,"路径"功能可以获得输出文本的矢量数据,通过适当的矩阵变换,可实现文字的变形效果。Ex_Shape 就是这样的一个应用实例,如图 6.7 所示,单击下方的"特效"单选按钮,可显示出文字的不同变形效果,且可通过字体组合框选择当前特效文字的字体。

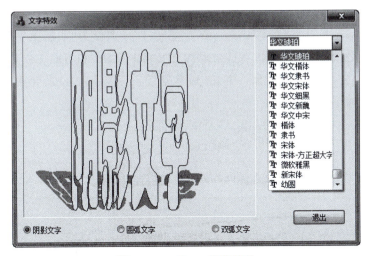

图 6.7　Ex_Shape 运行结果

具体的实验(实训)过程如下。
(1) 设计对话框。
(2) 特效框架。
(3) 文字变形。

6.3.1　设计对话框

具体步骤如下。
(1) 选择"文件"→"新建"→"项目"菜单命令或按快捷键 Ctrl+Shift+N 或单击顶层菜

单下的标准工具栏中的 ![] 按钮,弹出"新建项目"对话框。在"已安装的模板"栏下选中 Visual C++ 下的 MFC 结点,在中间的模板栏中选中 ![MFC应用程序]。在"新建项目"对话框的"名称"编辑框中输入名称"Ex_Shape"。同时,要取消勾选"为解决方案创建目录"复选框。

(2) 单击 ![确定] 按钮,出现"MFC 应用程序向导"欢迎页面,单击 ![下一步>] 按钮,出现"应用程序类型"页面。选中"基于对话框"应用程序类型,此时右侧的"项目类型"自动选定为"MFC 标准"。保留默认选项,单击 ![完成] 按钮,系统开始创建,并又回到了 Visual C++ 主界面,同时还自动打开对话框资源(模板)编辑器。

(3) 单击对话框编辑器上的"网格切换"按钮 ![],显示模板网格。删除"TODO:在此 xx"静态文本控件和"取消"按钮。将对话框 Caption(标题)属性改为"文字特效"。将"确定"按钮 Caption(标题)属性改为"退出"。

(4) 调整对话框的大小(大小调为 324×197px),并将"退出"按钮移至对话框的右下角。参看图 6.7 的控件布局,向对话框模板添加一个静态文本控件,调整大小为 222×168px,将其 ID 设为 IDC_STATIC_DRAW,将 Sunken(或 Static Edge)属性指定为 True。

(5) 向对话框添加一个 ![AF MFC FontComboBox Control],保留默认 ID,将 No Intergral Height 属性设为 True(这样就可以在模板编辑器中单击其下拉按钮调整下拉框高度),添加的控件变量分别为 m_FontCBox。

(6) 再添加三个单选按钮,将 Caption(标题)属性分别设为"阴影文字""圆弧文字"和"双弧文字",ID 分别设为 IDC_EF_SHADOW、IDC_EF_ARC 和 IDC_EF_UDARC。

(7) 为 CEx_ShapeDlg 类添加一个 int 成员变量 m_nShapeMode,并在 OnInitDialog() 函数中添加下列初始化代码。

```
BOOL CEx_ShapeDlg::OnInitDialog()
{
    CDialogEx::OnInitDialog();
    ...
    //TODO: 在此添加额外的初始化代码
    m_FontCBox.Setup(TRUETYPE_FONTTYPE);
    m_FontCBox.SelectFont(_T("宋体"));
    m_nShapeMode       = 1;
    CheckRadioButton(IDC_EF_SHADOW, IDC_EF_UDARC, IDC_EF_SHADOW);
    return TRUE;          //除非将焦点设置到控件,否则返回 TRUE
}
```

(8) 编译并运行。

6.3.2　特效框架

具体步骤如下。

(1) 为 CEx_ShapeDlg 类添加成员函数 GetRealTextExtent(),用来获取实际点的范围。

```
CSize CEx_ShapeDlg::GetRealTextExtent(LPPOINT lpPoints, int iNumPts)
{
    CSize    size(0, 0);
    for(int i=0; i<iNumPts; i++) {
        if(lpPoints[i].x > size.cx) size.cx = lpPoints[i].x;
        if(lpPoints[i].y > size.cy) size.cy = lpPoints[i].y;
    }
    return size;
}
```

(2) 为 CEx_ShapeDlg 类添加文字特效函数 TextEffect()。

```
bool CEx_ShapeDlg::TextEffect(CDC * pDC,
                    LPPOINT lpTop,              //上基准点数组
                    LPPOINT lpBot,              //下基准点数组
                    DWORD dwTopPts,             //上基准点个数
                    DWORD dwBotPts,             //下基准点个数
                    CString szText, int nOutMode)
{
    LPPOINT    lpPoints;
    LPBYTE     lpTypes;
    int        i, iNumPts;
    CSize      size;
    float      fXScale, fYScale;
    int        iTopInd, iBotInd;

    pDC->SetBkMode(TRANSPARENT);
    pDC->BeginPath();
    pDC->TextOut(0, 0, szText);
    pDC->EndPath();

    iNumPts = pDC->GetPath(NULL, NULL, 0);
    if(iNumPts == -1) return FALSE;

    lpPoints = (LPPOINT)GlobalAlloc(GPTR, sizeof(POINT) * iNumPts);
    if(!lpPoints)         return FALSE;

    lpTypes = (unsigned char *) GlobalAlloc(GPTR, iNumPts);
    if(!lpTypes) {
        GlobalFree(lpPoints);          return FALSE;
    }
    iNumPts = pDC->GetPath(lpPoints, lpTypes, iNumPts);
    if(iNumPts == -1) {
```

```cpp
            GlobalFree(lpTypes);
            GlobalFree(lpPoints);
            return FALSE;
        }
        size = GetRealTextExtent(lpPoints, iNumPts);
        for(i=0; i<iNumPts; i++) {
            fXScale = (float)lpPoints[i].x/(float)size.cx;
            iTopInd = (int)(fXScale * (dwTopPts-1));
            iBotInd = (int)(fXScale * (dwBotPts-1));
            fYScale = (float)lpPoints[i].y/(float)size.cy;
            lpPoints[i].x = (int)((lpBot[iBotInd].x * fYScale)+
                        (lpTop[iTopInd].x * (1.0f-fYScale)));
            lpPoints[i].y = (int)((lpBot[iBotInd].y * fYScale)+
                        (lpTop[iTopInd].y * (1.0f-fYScale)));
        }

        pDC->BeginPath();
        for(i=0; i<iNumPts; i++) {
            switch (lpTypes[i]) {
                case PT_MOVETO :
                    pDC->MoveTo(lpPoints[i].x, lpPoints[i].y);
                    break;
                case PT_LINETO | PT_CLOSEFIGURE:
                case PT_LINETO :
                    pDC->LineTo(lpPoints[i].x, lpPoints[i].y);
                    break;

                case PT_BEZIERTO | PT_CLOSEFIGURE:
                case PT_BEZIERTO :
                    pDC->PolyBezierTo(&lpPoints[i], 3);
                    i+=2;
                    break;
            }
        }
        pDC->CloseFigure();
        pDC->EndPath();

        if     (nOutMode <= 0)
            pDC->StrokePath();
        else if  (nOutMode == 1) {
            int iROP2 = pDC->SetROP2(R2_MERGEPENNOT);
            pDC->FillPath();
            pDC->SetROP2(iROP2);
        }
```

```
    else
        pDC->FillPath();

    GlobalFree(lpPoints);
    GlobalFree(lpTypes);
    return TRUE;
}
```

TextEffect()函数首先是将路径中的文本数据读到 lpPoints(各点坐标)和 lpTypes(点的类型)中,并根据 lpTop 和 lpBot 所确定的上下基准点对文本数据进行变换(根据上下基准点的不同设计,可以实现文字的特效),最后根据 nOutMode 来确定是绘制文本的轮廓(0)、用当前画笔填充文本(1),还是两者都有(>1)。

(3) 编译。

6.3.3 文字变形

具体步骤如下。

(1) 在 Ex_ShapeDlg.cpp 文件的前面添加下列头文件包含。

```
#include "Ex_ShapeDlg.h"
#include "afxdialogex.h"
#include "cmath"
```

(2) 为 CEx_ShapeDlg 类添加绘制阴影文字函数 ShadowText()(绘制变形字两次,一次是阴影,一次是显示)。

```
void CEx_ShapeDlg::ShadowText(CDC * pDC, CRect rc, CString str)
{
    POINT    ptNormalTop[100];
    POINT    ptShadowTop[100];
    POINT    ptBottom[100];
    int      nShadowHeight   = rc.Height()/4;
    int      nNetWidth       = rc.Width()-2 * nShadowHeight;

    if(nNetWidth<0) return;

    int       nBottomWidthCent    = nNetWidth/100;
    int       nShadowTopWidthCent = rc.Width()/100;
    for(int i = 0; i<100; i++)
    {
        ptBottom[i].x       = rc.left+nShadowHeight+nBottomWidthCent * i;
        ptBottom[i].y       = rc.bottom;
        ptNormalTop[i].x    = ptBottom[i].x;
```

```
            ptNormalTop[i].y    = rc.top;
            ptShadowTop[i].x    = rc.left+nShadowTopWidthCent * i;
            ptShadowTop[i].y    = rc.bottom-nShadowHeight;
        }

        CBrush brush1(GetSysColor(COLOR_3DSHADOW));
        CBrush * oldbrush = pDC->SelectObject(&brush1);
        TextEffect(pDC,ptShadowTop,ptBottom,100,100,str,1);

        CPen pen(0,0,RGB(0,0,0));
        CPen * oldpen     = pDC->SelectObject(&pen);
        CBrush brush2(GetSysColor(COLOR_3DFACE));
        pDC->SelectObject(&brush2);
        TextEffect(pDC,ptNormalTop,ptBottom,100,100,str,3);
        TextEffect(pDC,ptNormalTop,ptBottom,100,100,str,0);

        pDC->SelectObject(oldpen);
        pDC->SelectObject(oldbrush);
    }
```

（3）为 CEx_ShapeDlg 类添加绘制圆弧文字函数 ArcText()（弧形文字是将上下基准点分别设成半径不等的圆弧上的连续的点）。

```
    void CEx_ShapeDlg::ArcText(CDC * pDC, CRect rc, CString str)
    {
        POINT     ptArcTop[200];
        POINT     ptArcBtm[200];
        //圆心角为120°,圆心和半径根据矩形求解,另一半径取一半
        double    w, h;
        w     = rc.Width()/2.0;          h    = rc.Height();
        double    r    = w;
        if(r > h) r = h;

        double    fUAStart    = 5.0 * 3.14159/6.0;      //左侧起始角为150°
        double    fAStep      = (3.14159 * 2.0/3.0)/200.0;

        double    fCenterX    = (double)(rc.CenterPoint().x);
        double    fCenterY    = (double)(rc.bottom);

        for(int i = 0; i<200; i++)
        {
            double angle    = fUAStart-i * fAStep;
            ptArcTop[i].x   = (int)(fCenterX+r * cos(angle));
```

```
        ptArcTop[i].y        = (int)(fCenterY-r*sin(angle));
        ptArcBtm[i].x        = (int)(fCenterX+0.5 * r*cos(angle));
        ptArcBtm[i].y        = (int)(fCenterY-0.5 * r*sin(angle));
    }

    CPen pen(0,0,RGB(0,0,0));
    CPen *oldpen         = pDC->SelectObject(&pen);
    TextEffect(pDC, ptArcTop, ptArcBtm, 200, 200, str, 0);
    pDC->SelectObject(oldpen);
}
```

（4）为 CEx_ShapeDlg 类添加绘制双弧文字函数 DArcText()（双弧文字是将上下基准点分别设成半径不等且圆心不同的圆弧上的连续的点）。

```
void CEx_ShapeDlg::DArcText(CDC * pDC, CRect rc, CString str)
{
    POINT    ptArcTop[200];
    POINT    ptArcBottom[200];

    //求过矩形左上角点、右上角点以及中间处于1/3高度点的圆的半径
    double   w, h;
    w     = rc.Width()/2.0;         h     = rc.Height()/3.0;
    double   r    = (w*w+h*h)/(2.0 * h);

    //计算上弧的起止角
    double   angle       = asin(w/r);
    double   fUAStart    = 3.14159/2.0+angle;
    double   fAStep      = angle * 2.0/200.0;

    double   fCenterX    = (double)(rc.CenterPoint().x);
    double   fCenterY    = (double)(rc.top)+h-r;

    //上下对称
    for(int i = 0; i<200; i++)
    {
        angle                = fUAStart - i * fAStep;
        ptArcTop[i].x        = (int)(fCenterX+r*cos(angle));
        ptArcTop[i].y        = (int)(fCenterY+r*sin(angle));
        ptArcBottom[i].x     = ptArcTop[i].x;
        ptArcBottom[i].y     = -ptArcTop[i].y+2 * rc.CenterPoint().y;
    }

    CPen pen(0,0,RGB(0,0,0));
```

```cpp
    CPen * oldpen   = pDC->SelectObject(&pen);
    TextEffect(pDC,ptArcTop,ptArcBottom,200,200,str,0);
    pDC->SelectObject(oldpen);
}
```

(5) 在 CEx_ShapeDlg::OnPaint()函数中添加下列代码。

```cpp
void CEx_ShapeDlg::OnPaint()
{
    if(IsIconic())
    { ...
    } else
    {
        CDialogEx::OnPaint();
        if(!((m_nShapeMode>= 1) && (m_nShapeMode<= 3))) return;

        CWnd * pWnd = GetDlgItem(IDC_STATIC_DRAW);
        pWnd->UpdateWindow();
        CDC * pDC = pWnd->GetDC();              //获得窗口当前的设备环境指针
        CRect    rcDraw;
        pWnd->GetClientRect(&rcDraw);
        pDC->FillSolidRect(rcDraw, ::GetSysColor(COLOR_3DFACE));
        rcDraw.DeflateRect(10, 10);

        CFont font;
        LOGFONT lf;
        memset(&lf,0,sizeof(LOGFONT));
        lf.lfCharSet    = GB2312_CHARSET;
        lf.lfHeight     = MulDiv(600,pDC->GetDeviceCaps(LOGPIXELSY),72);
        ::lstrcpy(lf.lfFaceName, m_FontCBox.GetSelFont()->m_strName);
        font.CreateFontIndirect(&lf);
        CFont * oldFont = pDC->SelectObject(&font);

        if(m_nShapeMode == 1)
            ShadowText(pDC, rcDraw, _T("阴影文字"));
        else if(m_nShapeMode == 2)
            ArcText(pDC, rcDraw, _T("圆弧文字"));
        else if(m_nShapeMode == 3)
            DArcText(pDC, rcDraw, _T("双弧文字"));

        pDC->SelectObject(oldFont);
        font.DeleteObject();
    }
}
```

(6) 将文档窗口切换到对话框资源模板页面,为 MFC 字体组合框控件添加 CBN_SELCHANGE"事件"的消息映射,保留默认的映射处理函数名,并添加下列代码。

```
void CEx_ShapeDlg::OnCbnSelchangeMfcfontcombo1()
{
    Invalidate();
}
```

(7) 为三个单选按钮 IDC_EF_SHADOW、IDC_EF_ARC 和 IDC_EF_UDARC 添加 BN_CLICKED"事件"的消息映射,保留默认的映射处理函数名,并添加下列代码。

```
void CEx_ShapeDlg::OnBnClickedEfShadow()
{
    m_nShapeMode   = 1;
    Invalidate();
}
void CEx_ShapeDlg::OnBnClickedEfArc()
{
    m_nShapeMode   = 2;
    Invalidate();
}
void CEx_ShapeDlg::OnBnClickedEfUdarc()
{
    m_nShapeMode   = 3;
    Invalidate();
}
```

(8) 编译运行并测试,结果如图 6.8 所示。

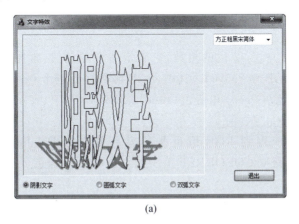

(a)

图 6.8　Ex_Shape 运行测试结果

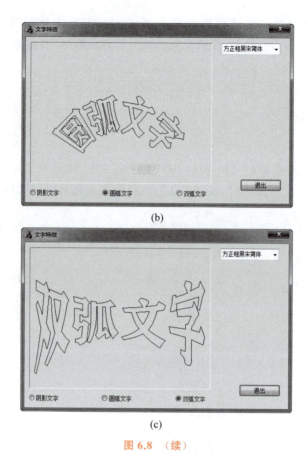

(b)

(c)

图 6.8 （续）

6.4 常见问题处理

(1) 什么是 COLORREF？如何和 RGB 值相互转换呢？

解答

① COLORREF 是一个 32 位的整数，它表示一个颜色值，常用 RGB 来指定。例如，COLORREF color＝RGB(0,255,0)。其中，RGB 函数接受三个 0～255 的参数值，分别依次表示红色(Red)、绿色(Green)和蓝色(Blue)。RGB(0,0,0)表示黑色，RGB(255,255,255)表示白色。

② 从 COLORREF 得到 RGB 值也是很容易的。GetRValue()、GetGValue()和 GetBValue()分别用来获取 COLORREF 值中的红色(Red)、绿色(Green)和蓝色(Blue)的颜色分量。

(2) 物理坐标和逻辑坐标有什么区别？它们是如何转换的？

解答

① 设备坐标(Device Coordinate)又称为物理坐标，是指输出设备上的坐标。而逻辑坐标(Logical Coordinate)是系统用作记录的坐标。在 MM_TEXT(默认模式)下，逻辑坐标的方向和单位与设备坐标的方向和单位相同，都是以像素单位来表示的，x 轴向右为正，y 轴

向下为正,坐标原点位于窗口的左上角。

② 在 Visual C++ 中,鼠标坐标是设备坐标,若在绘图中使用非 MM_TEXT 模式的逻辑坐标时,则需要将当前的 CPoint、CRect 和 CSize 值通过 CDC 类中的 DPtoLP()函数将其设备坐标转换成当前模式下的逻辑坐标,或使用 LPtoDP()函数将当前模式下的逻辑坐标转换成设备坐标。

思考与练习

(1) 在针式时钟实例中,当时间是下午或上午时,若希望能在钟盘上显示"上午"或"下午"字样,如何实现?

(2) 若在 Ex_CAD 实例中增加删除功能,如何实现?即启动"删除"命令后,提示选择对象,用户选择后,右击鼠标结束选择,同时弹出消息对话框询问是否真的要删除?选择"是",则删除并重绘其他图元,选择器清空;否则,选择器清空,重绘所有图元。

(3) Ex_Shape 实例中特效文字生成的原理和过程是什么?若生成直弧文字(上面的基准点设成连续小线段的水平线,而下面的基准点设成圆弧上的连续的点),应如何实现?

EXPERIMENT 实验 7

数据库编程

在 Visual C++ 中，基于 MFC 的 DAO 与 ODBC 使用模板非常相似。基于 ODBC 的 MFC 所提供的类有 CDatabase(数据库类)和 CRecordSet(记录集类)，而基于 DAO 的 MFC 类有 CDaoDatabase、CDaoQueryDef、CDaoRecordset 和 CDaoTableDef。由于 DAO 能直接打开一个 Access 数据库(MDB)文件，因而增加的 CDaoQueryDef 和 CDaoTableDef 可直接用于 MDB 查询和表的设计。

不过，ADO 却不同了。ADO 实际上是由一组 Automation 对象构成的组件，用于操作数据库的最重要的对象有三个：Connection、Command 和 Recordset，它们分别表示"连接"对象、"命令"对象和"记录集"对象。简单地说，ADO 可直接用来访问数据库文件，并不像 CRecordSet 那样非要先建立 ODBC 数据源不可。

为了帮助读者熟悉上述数据库方式，本实验(实训)分别使用 ODBC、DAO 和 ADO 三种方式对学生课程信息表进行列表显示、添加、删除和修改等操作，创建的应用程序分别为 Ex_ODBC、Ex_DAO 和 Ex_ADO。当然，它们在具体实现时还有一些功能上的不同。

实验目的

- 学会使用 Microsoft Office Access 2003 创建和操作数据库。
- 学会创建和修改 Windows 的 ODBC 数据源。
- 熟悉用 MFC 为数据表添加相应的 CRecordSet 派生类。
- 熟悉多表的记录集查询方法。
- 学会使用 DAO、ADO 来访问和操作数据库。

实验内容

- MFC ODBC。
- MFC DAO。
- ADO 编程。

实验准备和说明

- 具备知识：数据库编程(教程第 7 章)、视图应用框架(教程 5.4 节)。
- 准备上机所需要的程序 Ex_ODBC、Ex_DAO、Ex_ADO 和数据库 main.mdb。
- 创建本实验(实训)的工作文件夹"D:\Visual C++ 程序\LiMing\7"。

7.1 MFC ODBC

Ex_ODBC 是一个基于 CListView 的单文档应用程序,用来操作 ODBC 源"用于 MFC ODBC 的数据库"中指定数据库的 score 表。如图 7.1(a)所示,初始时列表中以报表样式显示出 score 表当前的记录内容。单击"操作"顶层菜单的下拉菜单项"添加""修改"以及"删除"可对 score 表进行相应操作,必要时还弹出"学生课程成绩"对话框,如图 7.1(b)所示。

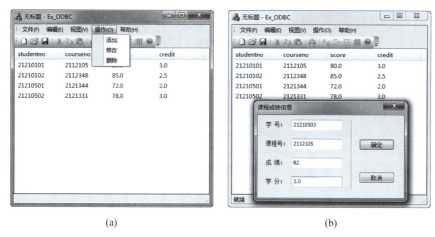

(a)　　　　　　　　　　　　(b)

图 7.1　Ex_ODBC 运行结果

具体的实验(实训)过程如下。
(1) 数据库和数据源。
(2) 记录列表显示。
(3) 添加、修改和删除。

7.1.1　数据库和数据源

具体步骤如下。

(1) 启动 Microsoft Access 2003。选择"文件"→"新建"菜单,在右边任务窗格中单击"空数据库",弹出一个对话框,将文件路径指定到"D:\Visual C++ 程序\LiMing\7",指定数据库名 main.mdb。单击 创建(C) 按钮,出现如图 7.2 所示的数据库设计窗口。

(2) 双击"使用设计器创建表",出现如图 7.3 所示的表设计界面。其中,单击数据类型框的下拉按钮,可在弹出的列表中选择适当的数据类型。在表设计下方的常规页面中可以设置字段大小、格式等内容。

(3) 按表 7.1 添加字段名和数据类型,关闭表设计界面,弹出一个消息对话框,询问是否保存刚才设计的数据表,单击 是(Y) 按钮,出现"另存为"对话框,在表名称中输入 score,单击 确定 按钮。此时出现一个消息对话框,用来询问是否要为表创建主关键词,单击 否(N) 按钮。需要注意的是,若单击"是"按钮,则系统将会自动为表添加另一个字段"ID"。

图 7.2　数据库设计引导窗口

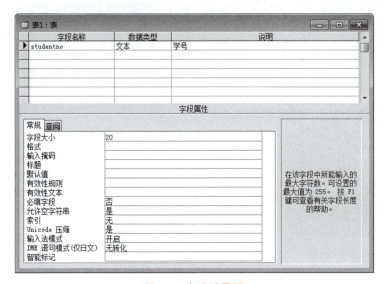

图 7.3　表设计界面

表 7.1　学生课程成绩表（score）的表结构

序号	字段名称	数据类型	字段大小	小数位	字段含义
1	studentno	文本	20	—	学号
2	courseno	文本	20	—	课程号
3	score	数字	单精度	1	成绩
4	credit	数字	单精度	1	学分

（4）在数据库设计窗口中双击 score 表，就可向数据表输入记录数据。如图 7.4 所示是记录输入的结果。

（5）关闭 Microsoft Access 2003。在 Windows 7 中的"控制面板"中输入 ODBC 进行搜索。单击"设置数据源（ODBC）"，进入 ODBC 数据源管理器（64 位 Windows 7 在 C:\Windows\SysWOW64 中运行 odbcad32.exe）。弹出"ODBC 数据源管理器"对话框。

图 7.4 在 score 表中添加的记录

(6) 单击 [添加(D)...] 按钮,弹出带有驱动程序列表的"创建新数据源"对话框,在该对话框中选择 Microsoft Access Driver。单击 [完成] 按钮,进入指定驱动程序的安装对话框,在数据源名框中输入"用于 MFC ODBC 的数据库"(双引号不输入),单击 [选择(S)...] 按钮,弹出"选择数据库"对话框,将本实验中刚刚创建的 main.mdb 数据库选入,如图 7.5 所示,单击 [确定] 按钮。

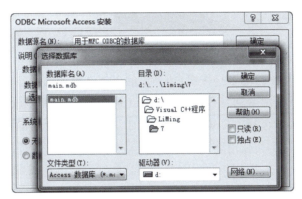

图 7.5 选择数据库

(7) 单击 [确定] 按钮,刚才创建的用户数据源被添加在"ODBC 数据源管理器"的"用户数据源"列表中。单击 [确定] 按钮,关闭"ODBC 数据源管理器"对话框。

7.1.2 记录列表显示

具体步骤如下。

(1) 启动 Microsoft Visual Studio 2010。选择"文件"→"新建"→"项目"菜单命令或按快捷键 Ctrl+Shift+N 或单击顶层菜单下的标准工具栏中的 [图] 按钮,弹出"新建项目"对话框。在"已安装的模板"栏下选中 Visual C++ 下的 MFC 结点,在中间的模板栏中选中 [MFC 应用程序]。

(2) 单击"位置"编辑框右侧的"浏览"按钮 [浏览(B)...],从弹出的"项目位置"对话框中指定项目所在的文件夹 [计算机 ▶ 本地磁盘(D:) ▶ Visual C++程序 ▶ LiMing ▶ 7],单击 [选择文件夹] 按钮,回到"新建项目"对话框中。

(3) 在"新建项目"对话框的"名称"编辑框中输入名称"Ex_ODBC"。同时,要取消勾选"为解决方案创建目录"复选框。

（4）单击 [确定] 按钮，出现"MFC 应用程序向导"欢迎页面，单击 [下一步>] 按钮，出现"应用程序类型"页面。选中"单个文档"应用程序类型，取消勾选"使用 Unicode 库"复选框，选中右侧的"项目类型"的"MFC 标准"，取消勾选"启用视觉样式切换"复选框。单击左侧"用户界面功能"，取消勾选"用户定义的工具栏和图像"及"个性化菜单行为"复选框。

（5）单击左侧"生成的类"，将 CEx_ODBCView 的基类选为 CListView。保留其他默认选项，单击 [完成] 按钮，系统开始创建，并又回到了 Visual C++ 主界面。将项目工作区切窗口换到"解决方案管理器"页面，双击头文件结点 **stdafx.h**，打开 stdafx.h 文档，滚动到最后代码行，将"♯ifdef _UNICODE"和最后一行的"♯endif"删除（注释掉），并添加 ODBC 数据库支持的头文件包含♯include ＜afxdb.h＞。

（6）在 CEx_ODBCView::PreCreateWindow() 函数中添加下列代码。

```
BOOL CEx_ODBCView::PreCreateWindow(CREATESTRUCT& cs)
{
    cs.style |= LVS_REPORT;              //报表风格
    return CListView::PreCreateWindow(cs);
}
```

（7）选择"项目"→"类向导"菜单或按快捷键 Ctrl＋Shift＋X，弹出"MFC 类向导"对话框。单击右侧"添加类"按钮的下拉按钮，从弹出的下拉选项中选择"MFC ODBC 使用者"命令，弹出"MFC ODBC 使用者向导"对话框，单击 [数据源(S)...] 按钮，将弹出的对话框切换到"机器数据源"页面，从中选择 ODBC 数据源"用于 MFC ODBC 的数据库"，单击 [确定] 按钮，弹出"登录"对话框，不作任何输入，单击 [确定] 按钮，弹出"选择数据库对象"对话框，从中选择要使用的表 score。单击 [确定] 按钮，又回到了"MFC ODBC 使用者向导"对话框页面。输入"类名"为 CScoreSet，如图 7.6 所示。

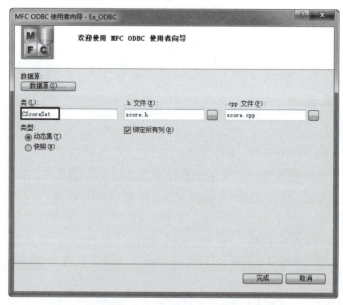

图 7.6　为添加的表定义 CRecordSet 派生类

(8) 保留其他默认选项,单击 完成 按钮(一般会出现"安全警告"对话框,暂不管它)。关闭"MFC 类向导"对话框。此时编译会出现错误,修改如下。

```
//#error 安全问题：连接字符串可能包含密码。
//...
CString CScoreSet::GetDefaultConnect()
{
    return _T("DSN= 用于 MFC ODBC 的数据库;DBQ= D:\\Visual C++程序\\LiMing\\7\\main.mdb;...;");
}
```

(9) 在 CEx_ODBCView::OnInitialUpdate()函数中添加下列代码。

```
void CEx_ODBCView::OnInitialUpdate()
{
    CListView::OnInitialUpdate();
    CListCtrl& m_ListCtrl = GetListCtrl();      //获取内嵌在列表视图中的列表控件
    m_ListCtrl.SetExtendedStyle(LVS_EX_FULLROWSELECT);
                                                //LVS_EX_GRIDLINES
    CScoreSet cSet;
    cSet.Open();                                //打开记录集
    CODBCFieldInfo field;
    //创建列表头
    for(UINT i=0; i<cSet.m_nFields; i++)    {
        cSet.GetODBCFieldInfo(i, field);
        m_ListCtrl.InsertColumn(i,field.m_strName,LVCFMT_LEFT,100);
    }
    cSet.Close();                               //关闭记录集
    UpdateListItemData();
}
```

(10) 用"添加成员函数向导"为 CEx_ODBCView 类添加下列 UpdateListItemData()成员函数。

```
void CEx_ODBCView::UpdateListItemData(void)
{
    CListCtrl& m_ListCtrl = GetListCtrl();      //获取内嵌在列表视图中的列表控件
    m_ListCtrl.DeleteAllItems();
    CScoreSet cSet;
    cSet.m_strSort = "studentno, courseno";
    cSet.Open();                                //打开记录集
    //添加列表项
    int nItem = 0;
```

```
    CString str;
    while(!cSet.IsEOF())    {
        for(UINT i=0; i<cSet.m_nFields; i++){
            cSet.GetFieldValue(i, str);
            if(i == 0)
                m_ListCtrl.InsertItem(nItem, str);
            else
                m_ListCtrl.SetItemText(nItem, i, str);
        }
        nItem++;
        cSet.MoveNext();
    }
    cSet.Close();                               //关闭记录集
}
```

（11）在 Ex_ODBCView.cpp 文件的前面添加 CScoreSet 类的头文件包含。

```
#include "Ex_ODBCDoc.h"
#include "Ex_ODBCView.h"
#include "score.h"
```

（12）编译并运行，结果如图 7.7 所示。

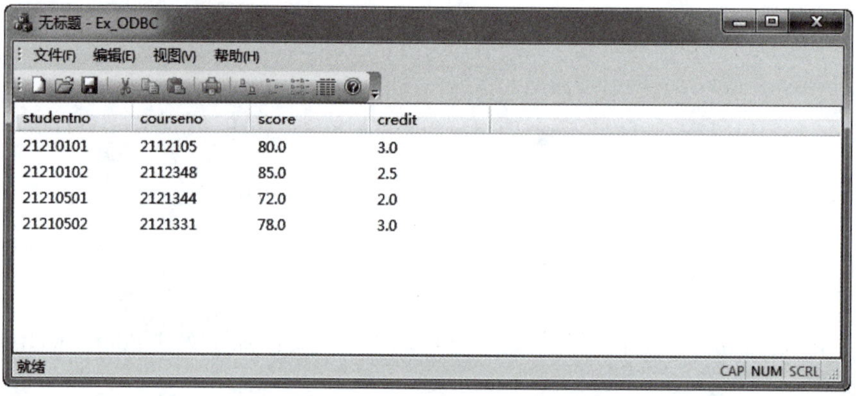

图 7.7 Ex_ODBC 第一次运行结果

7.1.3 添加、修改和删除

具体步骤如下。

（1）在项目工作区窗口当前页面中，选中根结点，然后选择"项目"→"添加资源"菜单命令，打开"添加资源"对话框，选中 Dialog，单击 新建(N) 按钮，系统就会自动为当前应用程序项目添加了一个对话框资源。

（2）保留默认的对话框资源 ID，在对话框资源模板的空白区域（没有其他元素或控件）内双击鼠标，或选择"项目"→"添加类"命令，弹出"MFC 添加类向导"对话框。在"类名"

框中输入类名 **CScoreDlg**，保留其他默认选项，单击 完成 按钮。

(3) 将文档窗口切换到对话框资源页面，在其"属性"窗口中将 Caption（标题）属性设为"课程成绩信息"。单击对话框编辑器上的"网格切换"按钮，显示模板网格。将"确定"和"取消"按钮移至右侧，调整对话框大小（208×105px），先添加竖直蚀刻线（图片控件，将 Type 属性指定 Etched Vert），然后添加如表 7.2 所示的一些控件，结果如图 7.8 所示。

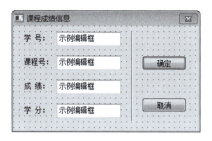

图 7.8　设计的对话框

(4) 选择"项目"→"类向导"菜单或按快捷键 Ctrl+Shift+X，弹出"MFC 类向导"对话框。查看"类名"组合框中是否已选择了 CScoreDlg，切换到"成员变量"页面。在"控件变量"列表中，选中所需的控件 ID，双击鼠标或单击 添加变量(A)... 按钮。依次为表 7.3 中的控件添加关联的成员变量。

表 7.2　"课程成绩信息"对话框添加的控件

添加的控件	ID	标题	其他属性
编辑框（学号）	IDC_EDIT_STUNO	—	默认
编辑框（课程号）	IDC_EDIT_COURSENO	—	默认
编辑框（成绩）	IDC_EDIT_SCORE	—	默认
编辑框（学分）	IDC_EDIT_CREDIT	—	默认

表 7.3　控件变量

控件 ID	变量类别	变量类型	变量名	范围和大小
IDC_EDIT_STUNO	Value	CString	m_strStuNO	20
IDC_EDIT_COURSENO	Value	CString	m_strCourseNO	20
IDC_EDIT_SCORE	Value	float	m_fScore	0.0～100.0
IDC_EDIT_CREDIT	Value	float	m_fCredit	0.0～20.0

(5) 为 CScoreDlg 添加"确定"按钮（IDOK）的 BN_CLICKED"事件"的消息映射，保留默认的映射函数名，并添加下列代码。

```
void CScoreDlg::OnBnClickedOk()
{
    UpdateData();
    m_strStuNO.Trim();   m_strCourseNO.Trim();
    if(m_strStuNO.IsEmpty())
        MessageBox("学号不能为空!");
    else
```

```
            if(m_strCourseNO.IsEmpty())
                MessageBox("课程号不能为空!");
            else
                CDialogEx::OnOK();
}
```

(6) 将项目工作区窗口切换到"资源视图"页面,展开结点,双击资源 Menu 下的 IDR_MAINFRAME,打开菜单资源模板。在"视图"和"帮助"菜单项之间添加"操作(&O)"顶层菜单,其下添加子菜单项"添加""修改"和"删除",并将其 ID 分别设为 ID_OP_ADD、ID_OP_CHANGE 和 ID_OP_DEL。

(7) 在 CEx_ODBCView 类中添加上述 3 个子菜单项的 COMMAND"事件"消息的映射,保留默认的映射函数名,添加下列代码。

```
void CEx_ODBCView::OnOpAdd()
{
    CScoreDlg dlg;
    if(dlg.DoModal()==IDOK){
        //先查找是否有同学号同课程的记录
        CScoreSet cSet;
        cSet.m_strFilter.Format("studentno = '%s' AND courseno = '%s'",
            dlg.m_strStuNO, dlg.m_strCourseNO);
        cSet.Open();                          //打开记录集
        if(!cSet.IsEOF())    {
            MessageBox("有相同的记录存在!");
            cSet.Close();
            return;
        }
        cSet.AddNew();
        cSet.m_studentno       = dlg.m_strStuNO;
        cSet.m_courseno        = dlg.m_strCourseNO;
        cSet.m_score           = dlg.m_fScore;
        cSet.m_credit          = dlg.m_fCredit;
        cSet.Update();
        cSet.Requery();
        cSet.Close();
        MessageBox("记录已添加!");
        UpdateListItemData();
    }
}
void CEx_ODBCView::OnOpChange()
{
    MessageBox("双击要修改的列表项即可!");
}
```

```cpp
void CEx_ODBCView::OnOpDel()
{
    CListCtrl& m_ListCtrl = GetListCtrl();
    POSITION pos;
    pos = m_ListCtrl.GetFirstSelectedItemPosition();
    if(pos == NULL){
        MessageBox("你还没有选中列表项!");
        return;
    }
    int nItem = m_ListCtrl.GetNextSelectedItem(pos);
    CString strItem, str;
    strItem = m_ListCtrl.GetItemText(nItem, 0);
    str.Format("你确实要删除 %s 列表项(记录)吗?", strItem);
    if(IDOK != MessageBox(str, "删除确认", MB_ICONQUESTION | MB_OKCANCEL))
        return;
    CString strStuNO        = m_ListCtrl.GetItemText(nItem, 0);
    CString strCourseNO     = m_ListCtrl.GetItemText(nItem, 1);
    CScoreSet infoSet;
    infoSet.m_strFilter.Format("studentno = '%s' AND courseno = '%s'",
                                strStuNO, strCourseNO);
    infoSet.Open();
    if(!infoSet.IsEOF())
    {
        CRecordsetStatus status;
        infoSet.GetStatus(status);           //获取当前记录项状态
        infoSet.Delete();                    //删除当前记录
        if(status.m_lCurrentRecord == 0)
            infoSet.MoveNext();              //下移一个记录
        else
            infoSet.MoveFirst();             //移动到第一个记录处
    }
    if(infoSet.IsOpen())
        infoSet.Close();
    //更新列表视图
    MessageBox("当前指定的记录已删除!");
    UpdateListItemData();
}
```

（8）在 CEx_ODBCView 类"属性"窗口的"消息"页面中，找到并添加＝NM_DBLCLK 消息的映射，保留默认的映射函数名，添加下列代码。

```cpp
void CEx_ODBCView::OnNMDblclk(NMHDR * pNMHDR, LRESULT * pResult)
{
```

```cpp
        LPNMITEMACTIVATE pNMItemActivate =
                        reinterpret_cast<LPNMITEMACTIVATE>(pNMHDR);
        CListCtrl& m_ListCtrl = GetListCtrl();
        POSITION pos;
        pos = m_ListCtrl.GetFirstSelectedItemPosition();
        if(pos == NULL){
            MessageBox("应双击要修改的列表项!");
            return;
        }
        int nItem = m_ListCtrl.GetNextSelectedItem(pos);

        CString strStuNO     = m_ListCtrl.GetItemText(nItem, 0);
        CString strCourseNO  = m_ListCtrl.GetItemText(nItem, 1);
        CScoreSet sSet;
        sSet.m_strFilter.Format("studentno = '%s' AND courseno = '%s'",
                            strStuNO, strCourseNO);
        sSet.Open();
        CScoreDlg dlg;
        dlg.m_strCourseNO   = sSet.m_courseno;
        dlg.m_strStuNO      = sSet.m_studentno;
        dlg.m_fScore        = sSet.m_score;
        dlg.m_fCredit       = sSet.m_credit;
        if(IDOK != dlg.DoModal())    {
            if(sSet.IsOpen()) sSet.Close();
            return;
        }
        sSet.Edit();
        sSet.m_score        = dlg.m_fScore;         //只能修改成绩和学分
        sSet.m_credit       = dlg.m_fCredit;        //只能修改成绩和学分
        sSet.Update();
        sSet.Requery();
        if(sSet.IsOpen()) sSet.Close();
        //更新列表视图
        MessageBox("当前只能修改成绩和学分,修改成功!");
        UpdateListItemData();
        *pResult = 0;
}
```

（9）在 Ex_ODBCView.cpp 文件的前面添加 CScoreDlg 类的头文件包含。

```cpp
#include "Ex_ODBCView.h"
#include "score.h"
#include "ScoreDlg.h"
```

（10）编译运行并测试,结果如前面的图 7.1 所示。

7.2 MFC DAO

Ex_DAO 是一个基于对话框的应用程序,如图 7.9 所示,单击"连接 MDB"按钮,将弹出文件对话框,当指定并打开外部 MDB 数据库文件时,数据库的表将填充到"数据表"组合框中,选择组合框中的表将自动在列表控件中显示相应的记录。

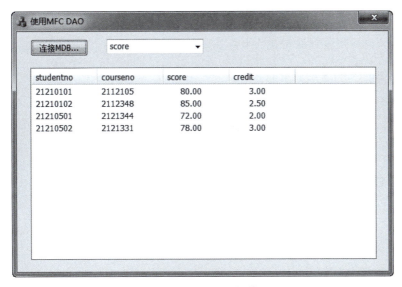

图 7.9 Ex_DAO 运行结果

具体的实验(实训)过程如下。
(1)界面框架。
(2)DAO 支持。
(3)操作 MDB。

7.2.1 界面框架

具体步骤如下。

(1)选择"文件"→"新建"→"项目"菜单命令或按快捷键 Ctrl+Shift+N 或单击顶层菜单下的标准工具栏中的 ![] 按钮,弹出"新建项目"对话框。在"已安装的模板"栏下选中 Visual C++ 下的 MFC 结点,在中间的模板栏中选中 ![MFC 应用程序]。在"新建项目"对话框的"名称"编辑框中输入名称"Ex_DAO"。同时,要取消勾选"为解决方案创建目录"复选框。

(2)单击 ![确定] 按钮,出现"MFC 应用程序向导"欢迎页面,单击 ![下一步>] 按钮,出现"应用程序类型"页面。选中"基于对话框"应用程序类型,此时右侧的"项目类型"自动选定为"MFC 标准",取消勾选"使用 Unicode 库"复选框。保留默认选项,单击 ![完成] 按钮,系统开始创建,并又回到了 Visual C++ 主界面,同时还自动打开对话框资源(模板)编辑器。

(3)单击对话框编辑器上的"网格切换"按钮 ![],显示模板网格。删除"TODO:在此 xx"静态文本控件、"确定"和"取消"按钮。将对话框 Caption(标题)属性改为"使用 MFC

DAO",调整对话框的大小(大小调为 323×203px)。参看图 7.9 的控件布局,向对话框模板中添加一个按钮(Caption 属性设为"连接 MDB")、一个组合框和一个列表控件(View 属性指定为 Report),保留其默认 ID。

(4) 为 CEx_DAODlg 类添加组合框、列表控件的 Control 类别的控件变量 m_cmbTable 和 m_recList。

(5) 编译并运行。

7.2.2 DAO 支持

具体步骤如下。

(1) 打开 stdafx.h,滚动到最后代码行,将"#ifdef _UNICODE"和最后一行的"#endif"删除(注释掉),并添加 DAO 数据库支持的头文件包含。

```
#include<afxdisp.h>      //MFC 自动化类
#include<afxdao.h>       //MFC DAO 数据库类
```

(2) 打开 Ex_DAODlg.h,在 CEx_DAODlg 类中添加下列成员的定义。

```
class CEx_DAODlg : public CDialogEx
{
public:
    CDaoRecordset*     m_pRecordset;
    CDaoDatabase       m_database;
    BOOL               m_bConnected;
...
```

(3) 在 CEx_DAODlg::CEx_DAODlg 构造函数中设定成员变量的初值。

```
CEx_DAODlg::CEx_DAODlg(CWnd* pParent/* = NULL */)
    : CDialogEx(CEx_DAODlg::IDD, pParent)
{
    m_hIcon         = AfxGetApp()->LoadIcon(IDR_MAINFRAME);
    m_pRecordset    = NULL;
    m_bConnected    = FALSE;
}
```

(4) 在 CEx_DAODlg 类"属性"窗口的"消息"页面中,找到并添加 WM_CLOSE 消息的映射,保留默认的映射函数名,添加下列代码。

```
void CEx_DAODlg::OnClose()
{
    if(m_bConnected){
        if(m_pRecordset) delete m_pRecordset;
```

```
        m_database.Close();
        m_bConnected    = FALSE;
        m_pRecordset    = NULL;
    }
    CDialogEx::OnClose();
}
```

(5) 编译并运行(会看到 C4995 警告,提示 MFC DAO 技术已不推荐使用)。

7.2.3 操作 MDB

具体步骤如下。

(1) 在 CEx_DAODlg 类中映射"连接 MDB"按钮的 BN_CLICKED"事件"消息,保留默认的消息映射函数名,添加下列代码。

```
void CEx_DAODlg::OnBnClickedButton1()
{
    CFileDialog dlg(TRUE, ".mdb", "*.mdb");
        if(dlg.DoModal() == IDCANCEL) return;
    if(m_bConnected){
        m_database.Close();
        m_bConnected    = FALSE;
    }
    CString strPathMdb  = dlg.GetPathName();
    try {
        AfxGetModuleState()->m_dwVersion = 0x0601;
                            //使其支持 2000 版的 Access 数据库
        m_database.Open(strPathMdb, FALSE, TRUE);
    }
    catch (CDaoException * e) {
        MessageBox("打开失败!");
        e->Delete();
        return;
        }
    //清空表组合框内容
    m_cmbTable.ResetContent();
    //向组合框添加表名
    int nTables         = m_database.GetTableDefCount();
    CDaoTableDefInfo tdi;
    for(int n= 0; n<nTables; n++) {
        m_database.GetTableDefInfo(n, tdi);
        if(tdi.m_strName.Left(4) != "MSys")
            m_cmbTable.AddString(tdi.m_strName);
        }
```

```
        m_bConnected    = TRUE;
        if(nTables>0)    {
            m_cmbTable.SetCurSel(0);
            OnCbnSelchangeCombo1();
        }
    }
```

(2) 在 CEx_DAODlg 类中映射组合框的 CB_SELCHANGE"事件"消息,保留默认的消息映射函数名,添加下列代码。

```
void CEx_DAODlg::OnCbnSelchangeCombo1()
{
    if(!m_bConnected) return;
    //删除列表头和全部列表示项
    int nColSum = m_recList.GetHeaderCtrl()->GetItemCount();
    int         i;
    for(i=0; i<nColSum; i++)
        m_recList.DeleteColumn(0);
    m_recList.DeleteAllItems();

    //获取当前选择的表名
    CString     strTableName;
    int     nIndex    = m_cmbTable.GetCurSel();
    if(nIndex == CB_ERR) return;
    //根据当前表创建列表头
    m_cmbTable.GetLBText(nIndex, strTableName);
    //创建查询语句
    CString strQuery;
    strQuery.Format("select * from [%s]", strTableName);

    if(m_pRecordset) delete m_pRecordset;

    //打开表,并创建动态记录集
    m_pRecordset = new CDaoRecordset(&m_database);
    try {
        m_pRecordset->Open(dbOpenDynaset, strQuery, dbReadOnly);
    }
    catch (CDaoException * e) {
        MessageBox("数据表打开失败!");
        m_bConnected = FALSE;
        e->Delete();
        return;
    }

    //创建列表头
```

```
    int nFields = (int) m_pRecordset->GetFieldCount();
    CDaoFieldInfo fi;
    for(i = 0; i < nFields; i++) {
        m_pRecordset->GetFieldInfo(i, fi);
        m_recList.InsertColumn(i, fi.m_strName, LVCFMT_LEFT,100);
    }
    //显示记录
    int nItem = 0;
    CString str;
    COleVariant value;
    while(!m_pRecordset->IsEOF())    {
        for(i = 0; i<nFields; i++){
            m_pRecordset->GetFieldValue(i, value);
            str      = VariantToString(value);
            if(i == 0)
                m_recList.InsertItem(nItem, str);
            else
                m_recList.SetItemText(nItem, i, str);
        }
        nItem++;
        m_pRecordset->MoveNext();
    }
    m_pRecordset->Close();                      //关闭记录集
    delete m_pRecordset;
    m_pRecordset    = NULL;
}
```

（3）在 CEx_DAODlg 类中添加成员函数 VariantToString()，用来将 COleVariant 转换为 CString 类型。

```
CString CEx_DAODlg::VariantToString(COleVariant& var)
{
    CString str;
    switch (var.vt) {
    case VT_BSTR:
        str = (LPCSTR) var.bstrVal;//narrow characters in DAO
        break;
    case VT_UI1:
        str.Format("%d", (int) var.iVal);
        break;
    case VT_I2:
        str.Format("%d", (int) var.iVal);
        break;
```

```
        case VT_I4:
            str.Format("%d", var.lVal);
            break;
        case VT_R4:
            str.Format("%10.2f", (double) var.fltVal);
            break;
        case VT_R8:
            str.Format("%10.2f", var.dblVal);
            break;
        case VT_CY:
            str = COleCurrency(var).Format();
            break;
        case VT_DATE:
            str = COleDateTime(var).Format();
            break;
        case VT_BOOL:
            str = (var.boolVal == 0) ? "FALSE" : "TRUE";
            break;
        case VT_NULL:
            str = "----";
            break;
        default:
            str.Format("Unk type %d\n", var.vt);
            TRACE("Unknown type %d\n", var.vt);
        }
        return str;
    }
```

（4）编译运行并测试，结果如前面的图 7.9 所示。

7.3　ADO 编程

Ex_ADO 是一个基于 CListView 的单文档应用程序，如图 7.10 所示，它采用 ADO 技术将 score 和 course 两表合并输出到列表视图中。单击"添加"命令菜单，将弹出"课程成绩信息"对话框，选择"课程号"，将自动填充"课程名"和"学分"，单击"确定"按钮，相应的记录被添加到表 score 中，同时自动显示新的记录数据。

具体的实验（实训）过程如下。

（1）数据库和框架。

（2）多表项显示。

（3）记录添加。

图 7.10　Ex_ADO 运行结果

7.3.1　数据库和框架

具体步骤如下。

（1）将 Ex_ODBC 中所操作的数据库文件 main.mdb 复制到 D 盘根目录中，用 Microsoft Access 2003 打开该数据库，使用"使用设计器创建表"添加数据表 course，其表结构如表 7.4 所示，数据表的记录内容如表 7.5 所示。关闭 Microsoft Access 2003。

表 7.4　课程信息表（course）的表结构

序号	字段名称	数据类型	字段大小	小数位	字段含义
1	courseno	文本	7	—	课程号
2	special	文本	50	—	所属专业
3	coursename	文本	50	—	课程名
4	coursetype	文本	10	—	课程类型
5	openterm	数字	字节	—	开课学期
6	hours	数字	字节	—	课时数
7	credit	数字	单精度	1	学分

表 7.5　课程信息表记录

课程号	所属专业	课程名	类型	开课学期	课时数	学分
2112105	机械工程及其自动化	C 语言程序设计	专修	3	48	3
2112348	机械工程及其自动化	AutoCAD	选修	6	51	2.5
2121331	电气工程及其自动化	计算机图形学	方向	5	72	3
2121344	电气工程及其自动化	Visual C++ 程序设计	通修	4	60	3

（2）启动 Microsoft Visual Studio 2010。选择"文件"→"新建"→"项目"菜单命令或按快捷键 Ctrl+Shift+N 或单击顶层菜单下的标准工具栏中的按钮，弹出"新建项目"对话框。在"已安装的模板"栏下选中 Visual C++ 下的 MFC 结点，在中间的模板栏中选中 MFC 应用程序。在"新建项目"对话框的"名称"编辑框中输入名称"Ex_ADO"。同时，要取消勾选"为解决方案创建目录"复选框。

（2）单击 确定 按钮，出现"MFC 应用程序向导"欢迎页面，单击 下一步> 按钮，出现"应用程序类型"页面。选中"单个文档"应用程序类型，取消勾选"使用 Unicode 库"复选框，选中右侧的"项目类型"的"MFC 标准"，取消勾选"启用视觉样式切换"复选框。单击左侧"用户界面功能"，取消勾选"用户定义的工具栏和图像"及"个性化菜单行为"复选框。

（3）单击左侧"生成的类"，将 CEx_ADOView 的基类选为 CListView。保留其他默认选项，单击 完成 按钮，系统开始创建，并又回到了 Visual C++ 主界面。将项目工作区切窗口换到"解决方案管理器"页面，双击头文件结点 stdafx.h，打开 stdafx.h 文档，滚动到最后代码行，将"#ifdef _UNICODE"和最后一行的"#endif"删除（注释掉），并添加下列 ADO 数据库的支持。

```
#include<afxcontrolbars.h>     //功能区和控件条的 MFC 支持
#import "C:\Program Files\Common Files\System\ADO\msado15.dll" \
    no_namespace rename("EOF", "adoEOF")
#include<icrsint.h>
```

（4）在 CEx_ADOView::PreCreateWindow() 函数中添加下列代码，用来设置列表视图内嵌列表控件的风格。

```
BOOL CEx_ADOView::PreCreateWindow(CREATESTRUCT& cs)
{
    cs.style |= LVS_REPORT | LVS_SHOWSELALWAYS;
    return CListView::PreCreateWindow(cs);
}
```

（5）在 Ex_ADO.h 文件中为 CEx_ADOApp 定义 ADO 连接对象指针变量。

```
class CEx_ADOApp : public CWinAppEx
{
public:
    _ConnectionPtr m_pConnection;
```

（6）在 CEx_ADOApp::InitInstance() 函数中添加下列代码，用来对 ADO 的 COM 环境进行初始化和数据库连接。

```
BOOL CEx_ADOApp::InitInstance()
{
    ...
```

```
::CoInitialize(NULL);
m_pConnection.CreateInstance(__uuidof(Connection));
                                                //初始化 Connection 指针
m_pConnection->ConnectionString
    = "Provider= Microsoft.Jet.OLEDB.4.0;Data Source= D:\\main.mdb;";
m_pConnection->ConnectionTimeout = 30;          //允许连接超时时间,单位为 s
HRESULT hr = m_pConnection->Open("","","",0);
if(hr != S_OK) {
    AfxMessageBox("无法连接指定的数据库!");
    return FALSE;
}
AfxEnableControlContainer();
...
return TRUE;
}
```

(7)在 CEx_ADOApp::ExitInstance()函数中添加下列代码,用来关闭 ADO 连接。

```
int CEx_ADOApp::ExitInstance()
{
    //TODO:处理可能已添加的附加资源
    AfxOleTerm(FALSE);
    if(m_pConnection)
        m_pConnection->Close();                 //关闭连接
    return CWinAppEx::ExitInstance();
}
```

(8)编译并运行。

7.3.2 多表项显示

具体步骤如下。

(1)为 CEx_ADOView 类添加 UpdateListItemData()成员函数。

```
void CEx_ADOView::UpdateListItemData(void)
{
    //删除列表中所有行
    CListCtrl& m_ListCtrl = GetListCtrl();
    m_ListCtrl.DeleteAllItems();
    _CommandPtr      pCmd;
    pCmd.CreateInstance(__uuidof(Command));     //初始化 Command 指针
    //通过命令查询并获取其记录子集
    pCmd->ActiveConnection = ((CEx_ADOApp *)AfxGetApp())->m_pConnection;
```

```
    //指向已有的连接
    CString strCmd       = "SELECT score.studentno, score.courseno, \
        course.coursename, course.openterm, score.score, score.credit \
        FROM score INNER JOIN course ON score.courseno = course.courseno \
        ORDER BY score.studentno, score.courseno ";
    pCmd->CommandText    = _bstr_t(strCmd);
    //指定一个 SQL 查询
    _RecordsetPtr  pSet;
    pSet.CreateInstance(__uuidof(Recordset));           //初始化 Recordset 指针
    //执行命令,并返回一个记录集指针
    pSet = pCmd->Execute(NULL, NULL, adCmdText);
    //显示记录
    FieldsPtr    flds = pSet->GetFields();              //获取当前表的字段指针
    _bstr_t      str, value;
    _variant_t   Index;
    Index.vt = VT_I2;
    int nItem = 0;
    while(!pSet->adoEOF){
        for(int i = 0; i < (int)flds->GetCount(); i++){
            Index.iVal = i;
            str        = flds->GetItem(Index)->GetName();
            value      = pSet->GetCollect(str);
            if(i == 0)
                m_ListCtrl.InsertItem(nItem, (LPCSTR)value);
            else
                m_ListCtrl.SetItemText(nItem, i, (LPCSTR)value);
        }
        pSet->MoveNext();
        nItem++;
    }
    pSet->Close();
}
```

(2) 在 CEx_ADOView::OnInitialUpdate() 函数中添加下列代码。

```
void CEx_ADOView::OnInitialUpdate()
{
    CListView::OnInitialUpdate();
    CListCtrl& m_ListCtrl = GetListCtrl();
    m_ListCtrl.SetExtendedStyle(LVS_EX_FULLROWSELECT|LVS_EX_GRIDLINES);
    //创建列表头
    CString strHeader[6]  = { "学号","课程号","课程名",
                              "开课学期","成绩","学分" };
```

```
        int     nHeaderWidth[6]    = { 100,100,200,80,80,80 };
        for(int i= 0; i<6; i++)
            m_ListCtrl.InsertColumn(i, strHeader[i], LVCFMT_LEFT,
                            nHeaderWidth[i]);
        //显示记录
        UpdateListItemData();
    }
```

（3）编译运行，结果如图 7.11 所示。

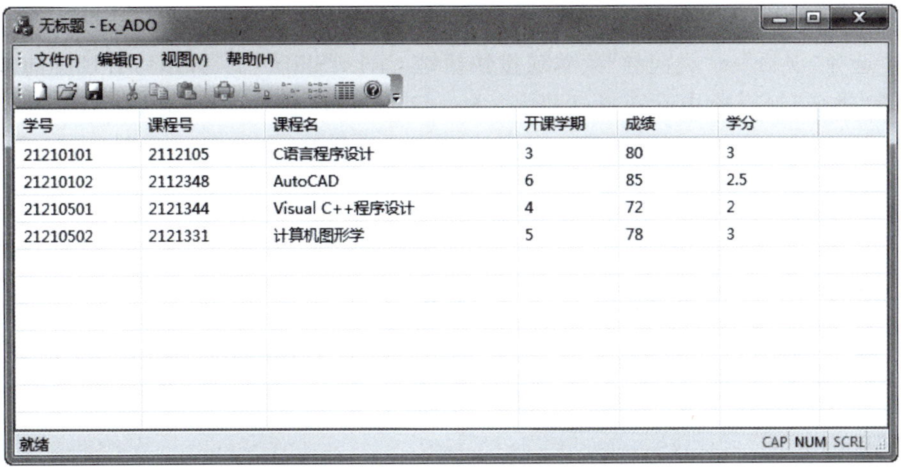

图 7.11　Ex_ADO 第一次运行

7.3.3　记录添加

具体步骤如下。

（1）在项目工作区窗口当前页面中，选中根结点，然后选择"项目"→"添加资源"菜单命令，打开"添加资源"对话框，选中 Dialog，单击 新建(N) 按钮，系统就会自动为当前应用程序项目添加了一个对话框资源。

（2）保留默认的对话框资源 ID，在对话框资源模板的空白区域内双击鼠标，或选择"项目"→"添加类"命令，弹出"MFC 添加类向导"对话框。在"类名"框输入类名 CScoreDlg，保留其他默认选项，单击 完成 按钮。

（3）将文档窗口切换到对话框资源页面，在其"属性"窗口中将 Caption（标题）属性设为"课程成绩信息"。单击对话框编辑器上的"网格切换"按钮，显示模板网格。将"确定"和"取消"按钮移至右侧，调整对话框大小（202×135px），先添加竖直蚀刻线（图片控件，将 Type 属性指定 Etched Vert），然后添加如表 7.6 所示的一些控件，结果如图 7.12 所示。

图 7.12　设计对话框

表 7.6 对话框添加的控件

添加的控件	ID	标题	其他属性
编辑框（学号）	IDC_EDIT_STUNO	—	默认
编辑框（课程号）	IDC_COMBO_CNO	—	默认
编辑框（课程名）	IDC_EDIT_CNAME	—	Disabled,默认
编辑框（成绩）	IDC_EDIT_SCORE	—	默认
编辑框（学分）	IDC_EDIT_CREDIT	—	Disabled,默认

（4）选择"项目"→"类向导"菜单或按快捷键 Ctrl+Shift+X，弹出"MFC 类向导"对话框。查看"类名"组合框中是否已选择了 CScoreDlg，切换到"成员变量"页面。在"控件变量"列表中，选中所需的控件 ID 号，双击鼠标或单击 添加变量(A)... 按钮。依次为表 7.7 中的控件添加关联的成员变量。

表 7.7 控件变量

控件 ID	变量类别	变量类型	变量名	范围和大小
IDC_EDIT_STUNO	Value	CString	m_strStuNO	20
IDC_COMBO_CNO	Value	CString	m_strCourseNO	20
IDC_COMBO_CNO	Control	CComboBox	m_cmbCNO	—
IDC_EDIT_CNAME	Value	CString	m_strCourseName	50
IDC_EDIT_SCORE	Value	float	m_fScore	0.0～100.0
IDC_EDIT_CREDIT	Value	float	m_fCredit	0.0～20.0

（5）为 CScoreDlg 添加"确定"按钮（IDOK）的 BN_CLICKED"事件"的消息映射，保留默认的映射函数名，并添加下列代码。

```
void CScoreDlg::OnBnClickedOk()
{
    UpdateData();
    m_strStuNO.Trim();
    if(m_strStuNO.IsEmpty())
        MessageBox("学号不能为空!");
    else
        CDialogEx::OnOK();
}
```

（6）为 CScoreDlg 添加 IDC_COMBO_CNO 的 CBN_SELCHANGE"事件"的消息映射，保留默认的映射函数名，添加下列代码。

```
void CScoreDlg::OnCbnSelchangeComboCno()
{
    CString      strCourseNO;
    int    nIndex  = m_cmbCNO.GetCurSel();
    if(nIndex    == CB_ERR) return;
    m_cmbCNO.GetLBText(nIndex, strCourseNO);
    //创建查询并获取记录子集
    _CommandPtr      pCmd;
    pCmd.CreateInstance(__uuidof(Command));           //初始化 Command 指针
    //通过命令查询并获取其记录子集
    pCmd->ActiveConnection = ((CEx_ADOApp *)AfxGetApp())->m_pConnection;
    CString strCmd;
    strCmd.Format("SELECT * FROM course WHERE courseno = '%s'",
                  strCourseNO);
    pCmd->CommandText    = _bstr_t(strCmd);
    //指定一个 SQL 查询
    _RecordsetPtr    pSet;
    pSet.CreateInstance(__uuidof(Recordset));         //初始化 Recordset 指针
    //执行命令,并返回一个记录集指针
    pSet = pCmd->Execute(NULL, NULL, adCmdText);
    _bstr_t       value;
    m_fCredit         = -1.0f;
    m_strCourseName   = "";
    if(!pSet->adoEOF){
        value           = pSet->GetCollect(_bstr_t("coursename"));
        m_strCourseName = (LPCSTR)value;
        value           = pSet->GetCollect(_bstr_t("credit"));
        m_fCredit       = (float)(atof((LPCSTR)value));
    }
    pSet->Close();
    m_strCourseNO     = strCourseNO;
    UpdateData(FALSE);
}
```

(7) 在 CScoreDlg 类"属性"窗口的"重写"页面中,添加虚函数 OnInitDialog()的重写(重载),并添加下列代码。

```
BOOL CScoreDlg::OnInitDialog()
{
    CDialogEx::OnInitDialog();
    //创建查询并获取记录子集
    _CommandPtr      pCmd;
    pCmd.CreateInstance(__uuidof(Command));           //初始化 Command 指针
```

```
    //通过命令查询并获取其记录子集
    pCmd->ActiveConnection = ((CEx_ADOApp *)AfxGetApp())->m_pConnection;
    //指向已有的连接
    CString strCmd = "SELECT * FROM course ORDER BY courseno";
    pCmd->CommandText  = _bstr_t(strCmd);
    //指定一个 SQL 查询
    _RecordsetPtr    pSet;
    pSet.CreateInstance(__uuidof(Recordset));            //初始化 Recordset 指针
    //执行命令,并返回一个记录集指针
    pSet = pCmd->Execute(NULL, NULL, adCmdText);
    m_cmbCNO.ResetContent();
    _bstr_t       value;
    while(!pSet->adoEOF)    {
        value = pSet->GetCollect(_bstr_t("courseno"));
        m_cmbCNO.AddString((LPCSTR)value);
        pSet->MoveNext();
    }
    pSet->Close();
    if(m_cmbCNO.GetCount()>0)    {
        m_cmbCNO.SetCurSel(0);
        OnCbnSelchangeComboCno();
    }
    return TRUE;  //return TRUE unless you set the focus to a control
    //异常:OCX 属性页应返回 FALSE
}
```

（8）将项目工作区窗口切换到"资源视图"页面,展开结点,双击资源 Menu 下的 IDR_MAINFRAME,打开菜单资源模板。在"视图"和"帮助"菜单项之间添加"操作(&O)"顶层菜单,其下添加子菜单项"添加",并将其 ID 分别设为 ID_OP_ADD。

（9）在 CEx_ADOView 类中添加子菜单项 ID_OP_ADD 的 COMMAND"事件"消息的映射,保留默认的映射函数名,添加下列代码。

```
void CEx_ADOView::OnOpAdd()
{
    CScoreDlg dlg;
    if(dlg.DoModal()!= IDOK) return;
    //先查找是否有同学号同课程的记录
    _CommandPtr    pCmd;
    pCmd.CreateInstance(__uuidof(Command));            //初始化 Command 指针
    //通过命令查询并获取其记录子集
    pCmd->ActiveConnection = ((CEx_ADOApp *)AfxGetApp())->m_pConnection;
    //指向已有的连接
    CString strCmd;
```

```
    strCmd.Format("SELECT * FROM score \
        WHERE studentno = '%s' AND courseno= '%s'",
                        dlg.m_strStuNO, dlg.m_strCourseNO);
    pCmd->CommandText  = _bstr_t(strCmd);
    //指定一个 SQL 查询
    _RecordsetPtr    pSet;
    pSet.CreateInstance(__uuidof(Recordset));           //初始化 Recordset 指针
    //执行命令,并返回一个记录集指针
    pSet = pCmd->Execute(NULL, NULL, adCmdText);
    if(!pSet->adoEOF){
        MessageBox("有相同的记录存在!");
        pSet->Close();
        return;
    }
    strCmd.Format("INSERT INTO score(studentno,courseno,score,credit) \
        VALUES('%s','%s',%5.1f, %5.1f) ",
            dlg.m_strStuNO, dlg.m_strCourseNO, dlg.m_fScore, dlg.m_fCredit);
    pCmd->CommandText = _bstr_t(strCmd);
    pCmd->Execute(NULL, NULL, adCmdText);
    MessageBox("记录已添加!");
    UpdateListItemData();
}
```

(10) 在 Ex_ADOView.cpp 文件的前面添加 CScoreDlg 类的头文件包含。

```
#include "Ex_ADODoc.h"
#include "Ex_ADOView.h"
#include "ScoreDlg.h"
```

(11) 编译运行并测试,结果如图 7.10 所示。

7.4　常见问题处理

(1) 在 MFC ODBC 数据库编程中,DDX 和 RFX 有什么区别?

解答

MFC ODBC 数据库类能通过 RFX(Record Field Exchange,记录字段数据交换)机制在用户选择的记录集和隐藏于后台的数据源之间建立对应关系,使用户能通过操作此记录集来实现对数据源的操作。MFC 中提供了一系列 RFX 调用函数,通过这些函数,可以随时在记录集和数据源之间进行数据交换,这种交换是双向的。

DDX(Dialog Data Exchange,对话框数据交换)是使对话框的控件和成员变量之间建立双向的对应关系,使用户能通过对话框上的控件浏览和修改变量的取值。在诸如记录字段的数据交换操作中,对话框数据交换的核心是 CRecordView 类虚函数 DoDataExchange()。

DDX 函数都在 DoDataExchange() 中调用，它为 DDX 函数提供了一个指向 CDataExchange 类对象的指针。

简单地说，RFX 是数据库编程中数据交换的内部基础，它与记录集对象（CRecordset）相联系，是隐于后台的一种机制；DDX 是数据库编程中数据交换在对话框界面上实现的基础，它与视图对象（CRecordView）相联系，是显现于前台的一种方法。

（2）如何在 VisualC++ 中利用 UDL 文件来建立 ADO 连接？

解答

使用通用数据连接文件（*.UDL，以下简称文件）来创建 ADO 连接，可以和 ODBC 一样可视化地定义要连接的数据源，从而实现数据访问的透明性。

① 创建 ADO 的连接，首先要设置 ADO 连接对象的 ConnectionString 属性，该属性提供所要连接的数据库类型、数据所处服务器、要访问的数据库和数据库访问的安全认证信息。比较专业的方法是在 ConnectionString 中直接提供以上信息，例如下列代码。

```
m_pConnection->ConnectionString
    ="Provider=Microsoft.Jet.OLEDB.4.0;Data Source= D:\\main.mdb;";
```

② 由于连接属性设置标准随着数据源的类型不同而产生变化，为此 Microsoft 提供了通用数据连接文件（.UDL）来建立和测试 ADO 连接属性。ADO 连接对象可以很方便地使用 UDL 文件来连接数据源，下面代码是使用 D 盘 my_data1.udl 来创建 ADO 连接。

```
m_pConnection.CreateInstance(__uuidof(Connection));
//初始化 Connection 指针
m_pConnection->ConnectionString = "File Name=D:\\ my_data1.udl;";
m_pConnection->Open("","",NULL);
```

③ 当数据源改变时，只要双击相应的 udl 文件即可可视化地设置数据源，无须更改软件。因为 ADO 是 COM 接口，为了软件的可靠性，打开 ADO 连接时，可以加入以下异常处理代码。

```
try {
    m_pConnection->Open("","","",NULL);
} catch(_com_error &e) {
    //处理异常的代码
    ...
    m_pConnection = NULL;
}
```

④ 智能指针 m_pConnection 应在处理异常代码时将其设为 NULL 后，智能指针将自动将引用计数降为 0。如果不出现异常，只要在用完 m_pConnection 后引用 Close() 方法即可。

思考与练习

（1）在 Ex_ODBC 学生课程成绩修改操作中，若"学生课程成绩"对话框中的内容没有任何修改，单击"确定"按钮，这时应避免后面程序的执行。试修改代码来解决这个问题。同时，当弹出用于修改的"学生课程成绩"对话框，学号和课程号编辑框应禁止修改，试添加此功能。

（2）在 Ex_ADO 中，如何实现学生课程成绩的修改和删除操作。

第 2 部分　综合应用实习

实验 8 学生信息管理系统设计

学生信息管理系统是一个比较经典的系统,对于初学者来说,通过这个应用程序项目的系统开发,可以更好地理解 MFC 的功能和技巧。学生信息管理系统常常需要对学生基本情况、课程成绩及课程信息等内容进行管理,这里就系统需求分析、系统设计、编程与实现、测试与部署部分内容进行阐述。

8.1 系统需求分析

本次综合应用实习中所涉及的学生信息管理系统是一个较为简单的系统,用来将某一个院系按专业、班级来管理学生的基本信息、课程信息和学生成绩。下面就其系统功能和数据库做简单的说明。

8.1.1 系统功能

系统主要功能包括信息操作功能、查询功能、统计功能、分析功能和打印功能。

1. 信息操作功能

(1) 学生基本信息的添加、修改和删除。学生基本信息包括学号(学号的前 6 位为班级号)、姓名、性别、出生日期和所在的专业。当然,若还有学生个人照片信息管理,那就更完美了。

(2) 课程信息的添加、修改和删除。课程信息包括课程号、所属专业、课程名称、课程类型(专修/选修/方向/通修/公修)、开课学期、学时数和学分。

(3) 学生成绩信息的添加、修改和删除。学生成绩信息包括学号、课程号、成绩和学分。

2. 查询功能

通过学号可以查询学生基本信息,通过学号和学期可以查询学生的成绩,通过课程号可以查询该课程的详细信息。

3. 统计功能

统计当前信息所显示的记录数以及学生某个学期或所有学期课程的总学分。

4. 分析功能

对某一个班级的某一门课程的成绩分布进行分析,并以直方图的形式显示出来。

5. 打印功能

打印和预览当前所显示的信息。

8.1.2 数据库

用 Microsoft Access 2003 创建一个数据库 student.mdb，含有 3 个主要数据表：学生基本信息表 student、课程信息表 course 和学生课程成绩表 score。这 3 个数据表的结构如表 8.1～表 8.3 所示。在这些表中，学号 studentno 和课程号 courseno 内容都是唯一的，分别是 student 表和 course 表中的主关键字。score 表中的 studentno 和 student 表的同名字段相对应，字段 course 和 course 表中的 courseno 字段相对应。

表 8.1 学生基本信息表（student）结构

序号	字段名称	数据类型	字段大小	小数位	字段含义
1	studentname	文本	20	—	姓名
2	studentno	文本	10	—	学号
3	xb	是/否	—	—	性别
4	birthday	日期/时间	—	—	出生年月
5	special	文本	50	—	专业

表 8.2 课程信息表（course）结构

序号	字段名称	数据类型	字段大小	小数位	字段含义
1	courseno	文本	7	—	课程号
2	special	文本	50	—	所属专业
3	coursename	文本	50	—	课程名
4	coursetype	文本	10	—	课程类型
5	openterm	数字	字节	—	开课学期
6	hours	数字	字节	—	课时数
7	credit	数字	单精度	1	学分

表 8.3 学生课程成绩表（score）结构

序号	字段名称	数据类型	字段大小	小数位	字段含义
1	studentno	文本	8	—	学号
2	yearterm	文本	10	—	年度学期
3	course	文本	7	—	课程号
4	score	数字	单精度	1	成绩
5	credit	数字	单精度	1	学分
6	curstate	文本	10	—	当前状态

需要说明的是，由于 student 表和 course 表中都有专业字段，因此为便于用户操作，需

要一个专业数据字典。该数据字典也作为数据库 main.mdb 的一个数据表 special，其结构如表 8.4 所示。

表 8.4 专业数据表（special）结构

序号	字段名称	数据类型	字段大小	小数位	字段含义
1	ID	自动编号	—	—	标识号
2	special	文本	50	—	专业名称

8.2 系 统 设 计

本系统用 Microsoft Visual Studio 2010（Visual C++）在 Windows 7 中开发，整个系统是一个基于"功能区"(Ribbon)的单文档应用程序框架，并通过 ODBC 或 ADO（推荐）来访问数据库。其界面设计和各模块接口分述如下。

8.2.1 界面设计

1. 界面设计原则

界面设计时除了包括对菜单、标题栏、圆形主按钮、快速访问工具栏、功能面板、状态栏、应用程序图标以及"关于…"对话框等界面元素进行构思和布局外，还应考虑下列 4 个方面。

1）界面的简化

在默认基于"功能区"的文档应用程序中，有些界面元素实际上是不需要的。由于这里不需要文本编辑功能，因此应将其去除。值得一提的是，Visual Studio 2010 中的"MFC 应用程序向导"在创建过程中会根据当前选项自动去除文本编辑功能。

2）界面元素的联动

对于一些常见的操作，应提供菜单命令、功能面板上的按钮以及相应的加速键等这几种元素的联动功能，当鼠标指针移至这些命令按钮或菜单项上时，应有相应的信息提示。

3）多个操作方式

切分窗口型的方案能直观地将操作界面呈现于用户的眼前，但不是所有的用户都欣赏这样的做法。许多用户对选择菜单命令或工具栏按钮仍然非常喜爱。因此需要提供多种操作方式，以满足不同的用户需要。但也要注意，当在菜单栏和工具栏上提供"添加""修改"以及"删除"等命令时，这些命令的功能方案最好能弹出对话框或直接执行功能，以保持和传统风格相一致。值得一提的是，若用户右击切分窗口的窗格时，还应根据实际需要提供快捷菜单供用户选择执行。不过，自 2007 年起，应用程序菜单和工具栏的经典界面已被顶部大矩形区域"功能区"(Ribbon)所代替，它是应用程序的控制中心，所有命令均集中于此。

4）界面的美学要求

在应用程序界面的现代设计和制作过程中，如果仅考虑界面的形式、颜色、字体、功能以及与用户的交互能力等因素，则远远不够。因为一个出色的软件还应有其独到之处，如果没有创意，那只是一种重复劳动。在设计过程中还必须考虑"人性"的影响，因为界面的好坏最终是由"人"来评价的。因此在界面的设计过程中除了考虑其本身的基本原则外，还应该有美学方面的要求。

2. 系统界面设计

根据系统需求分析,将系统总体界面定为基于"功能区"(Ribbon)的单文档应用程序,如图 8.1 所示。

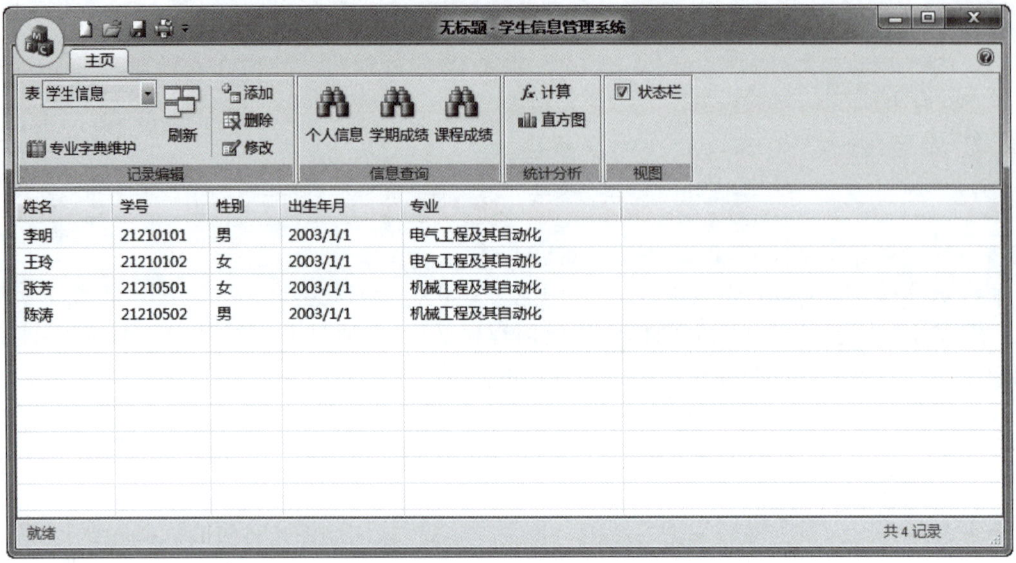

图 8.1 系统界面

系统主要操作集中在"记录编辑""信息查询"和"统计分析"三个功能面板中。"记录编辑"面板包含数据表的切换、"刷新"显示、"专业字典维护"以及当前数据表的"添加""删除"和"修改"命令。"信息查询"面板包含"个人信息""学期成绩"和"课程成绩"命令,而"统计分析"面板包含"计算"和"直方图"命令。除快速工具栏上的"打印"命令外,应用程序圆形主按钮弹出的下拉菜单命令中还包括"打印"中最常见的"快速打印""打印预览"和"打印设置"命令。

状态栏上包括左右两个窗格,其中最右边的窗格用来显示当前列表视图中显示的记录个数。

8.2.2 模块及接口

本系统可以分为两个接口:数据库接口和序列化接口,以及三个模块:显示模块、操作模块和打印模块。

1. 数据库接口

推荐使用 ADO 数据库接口,安全可靠简单,且实验(实训)7.3 中有这方面的详细讨论。系统数据库 student.mdb 最好放在 D 盘根目录中。

2. 序列化接口

不同于一般文档应用程序,由于大量数据由后台的数据库表来充当容器,因而这里的文档序列化接口应是针对当前显示的列表项(包括列表头)以及当前界面中的一些设置而进行的操作。故在文档类中添加了一个公共 CStringArray 类数据成员对象 m_strContents,其中,各索引字符串的含义为:首行为 m_nInfoTableIndex 的值(后面有说明),下一行为列表头的个数,之后的字符串是各列表头信息(1 列 1 对字符串,信息包括列表头像素宽度及名称),再之后就是全部的列表项信息(1 行 1 个字符串,各信息之间用逗号分隔)。

文档保存的就是 m_strContents 中的内容。当文档调入时,将 m_strContents 中的首行字符串转换成 int 值,若该值小于 0 或大于 2,则根据 m_strContents 余下的内容构造当前列表显示的结果。若为 0、1、2 时,则显示相应的数据表内容。

3. 显示模块

界面主要显示模块就是视图中的列表显示模块。列表显示模块根据用户对"记录编辑"面板中数据表的选择(包括"刷新"操作)以及"信息查询"面板中的查询操作来决定列表头以及显示的内容(均以报表的形式来显示)。

"记录编辑"面板中涉及的数据表为:学生基本信息表 student、课程信息表 course 和学生课程成绩表 score。为了控制当前操作的数据表,在文档类中添加了一个公共数据成员 m_nInfoTableIndex,根据该 int 变量的值(0、1、2)来判断是哪一个基本数据表。若是小于 0 或大于 2 则表示当前显示的是查询的结果。

4. 操作模块

操作模块包括前面所涉及的各种不同操作,包括信息的添加、删除、修改以及统计、分析等操作。这些操作通常以对话框出现,相应的各个对话框类包含对相关的数据表记录集类进行操作。

图 8.2 是"专业字典维护"对话框,从中可以对"专业"名称进行添加和删除。图 8.3 是用于学生基本信息(student 表)添加和修改的对话框,单击"调入"按钮,可以为该学生指定一个照片文件(按图片原有纵横比显示)。特别地,在实验(实训)3.3 中还为管理照片文件提供了一种解决方案。一般来说,学号中已包含该学生入学年号。

图 8.2 "专业字典维护"对话框

图 8.3 "学生基本信息"对话框

图 8.4 和图 8.5 分别是"课程基本信息"和"学生课程成绩"对话框,它们分别用于 course 表和 score 表数据的添加和修改。

在"学生课程成绩"对话框中,单击"指定"按钮,弹出如图 8.6 所示的"按个人或班级选择"对话框,从中根据所选专业进行个人学号或班级(学号的前 6 位)的指定("学期"组合框此时禁用)。单击"浏览"按钮,弹出如图 8.7 所示的"按课程选择"对话框,从中根据所选专业进行课程信息的指定("班级"组合框此时禁用)。

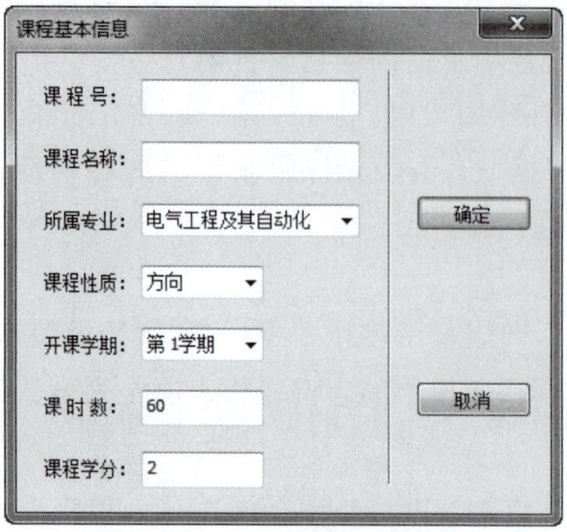

图 8.4 "课程基本信息"对话框

图 8.5 "学生课程成绩"对话框

图 8.6 "按个人或班级选择"对话框

图 8.7 "按课程选择"对话框

"按个人或班级选择"对话框还用于"信息查询"面板中的"个人信息""学期成绩"查找操作中的查询条件的指定以及"统计分析"中的"计算"的前一步操作(后一步是根据学号和年度学期获取学生成绩记录,并用消息对话框显示计算总学分、总学时和平均成绩结果)。

"按课程选择"对话框还用于"信息查询"面板中的"课程成绩"查找操作以及"统计分析"中的"直方图"的前一步操作(后一步是根据课程号和班级获取成绩记录,同时用一个对话框显示成绩分布直方图)。

5. 打印模块

打印模块采用 MFC 打印机制,将列表视图中的所有数据(列表头和列表项)打印出来(后面还会详细说明)。

8.3 编程与实现

根据系统需求分析和系统设计,确定总体方案,然后创建数据库 student.mdb 将其复制到 D 盘根目录下,最后按以下几个部分进行编程。由于教程和实验(初衷)中相关内容已经涉及很多,因此这里简单给出实现的大致编程思路和参考代码。

8.3.1 基本框架

具体步骤如下。

(1) 启动 Microsoft Visual Studio 2010。选择"文件"→"新建"→"项目"菜单命令或按快捷键 Ctrl+Shift+N 或单击顶层菜单下的标准工具栏中的 按钮,弹出"新建项目"对话框。在"已安装的模板"栏下选中 Visual C++ 下的 MFC 结点,在中间的模板栏中选中 MFC 应用程序 。

(2) 单击"位置"编辑框右侧的"浏览"按钮 浏览(B)... ,从弹出的"项目位置"对话框中指定项目所在的文件夹 计算机 ▸ 本地磁盘 (D:) ▸ Visual C++程序 ▸ LiMing ▸ 8 ,单击 选择文件夹 按钮,回到"新建项目"对话框中。在"新建项目"对话框的"名称"编辑框中输入"Ex_Student"。同时,要取消勾选"为解决方案创建目录"复选项。

(3) 单击 确定 按钮,出现"MFC 应用程序向导"欢迎页面,单击 下一步 > 按钮,出现"应用程序类型"页面。选中"单个文档"应用程序类型,取消勾选"使用 Unicode 库"复选项,选中右侧的"项目类型"的"MFC 标准",取消勾选"启用视觉样式切换"复选项。单击左侧"用户界面功能",选中"使用功能区"类型。

(4) 先单击左侧"生成的类",将 CEx_StudentView 的基类选为 CListView。然后再单击左侧"高级功能",选中"打印和打印预览"选项。这个选择次序不能错!

(5) 保留其他默认选项,单击 完成 按钮,系统开始创建,并又回到了 Visual C++ 主界面。将项目工作区切窗口换到"解决方案管理器"页面,双击头文件结点 stdafx.h ,打开 stdafx.h 文档,滚动到最后代码行,将"#ifdef _UNICODE"和最后一行的"#endif"删除(注释掉),并添加 ADO(或 ODBC)数据库的支持代码。

(6) 在 CEx_StudentView::PreCreateWindow() 函数中添加下列代码。

```
BOOL CEx_StudentView::PreCreateWindow(CREATESTRUCT& cs)
{
    cs.style |= LVS_REPORT | LVS_SHOWSELALWAYS;      //报表风格
    return CListView::PreCreateWindow(cs);
}
```

(7) 按实验(实训)7.3.1 中的相关过程添加 ADO 连接对象指针的定义、初始化、连接和关闭代码。

(8) 在 CEx_StudentApp 类中添加下列成员函数 UpdateSpecDictToCBox(),用来将"专业"字典表 special 中的内容填充指定组合框中。

```
void CEx_StudentApp::UpdateSpecDictToCBox(CComboBox& specCBox)
{
    specCBox.ResetContent();

    //创建查询并获取记录子集
    _CommandPtr    pCmd;
    pCmd.CreateInstance(__uuidof(Command));           //初始化 Command 指针
```

```cpp
    //通过命令查询并获取其记录子集
    pCmd->ActiveConnection = m_pConnection;
    //指向已有的连接
    CString strCmd = "SELECT * FROM special ORDER BY special";
    pCmd->CommandText    = _bstr_t(strCmd);
    //指定一个 SQL 查询
    _RecordsetPtr   pSet;
    pSet.CreateInstance(__uuidof(Recordset));          //初始化 Recordset 指针
    //执行命令,并返回一个记录集指针
    pSet = pCmd->Execute(NULL, NULL, adCmdText);
    _bstr_t     value;
    while(!pSet->adoEOF)    {
        value = pSet->GetCollect(_bstr_t("special"));
        specCBox.AddString((LPCSTR)value);
        pSet->MoveNext();
    }
    pSet->Close();
}
```

需要说明的是,若该成员函数声明是在 DECLARE_MESSAGE_MAP 宏之后,则需要将其放置之前,否则在其他类中将无法访问。在其他类调用该成员函数时,可使用 theApp.UpdateSpecDictToCBox()或((CEx_StudentApp *)AfxGetApp())->UpdateSpecDictToCBox()这两种形式,推荐使用第 1 种。

(9) 按实验(实训)4.1~4.3 中的相关方法添加并设计"记录编辑""信息查询"和"统计分析"面板及其上的元素,删除向导创建的"剪贴板"面板。在 CMainFrame 类中添加下列代码。

```cpp
class CMainFrame : public CFrameWndEx
{
public:
    CMFCRibbonComboBox*          m_pTableCBox;          //数据表
    CMFCRibbonStatusBarPane*     m_pBarPane0;
    CMFCRibbonStatusBarPane*     m_pBarPane1;

protected://仅从序列化创建
    CMainFrame();
...

int CMainFrame::OnCreate(LPCREATESTRUCT lpCreateStruct)
{
    if(CFrameWndEx::OnCreate(lpCreateStruct) == -1)
        return -1;
    ...
```

```
    bNameValid = strTitlePane2.LoadString(IDS_STATUS_PANE2);
    ASSERT(bNameValid);
    m_pBarPane0    = new CMFCRibbonStatusBarPane(ID_STATUSBAR_PANE1,
                       strTitlePane1, TRUE);
    m_pBarPane1    = new CMFCRibbonStatusBarPane(ID_STATUSBAR_PANE2,
                       strTitlePane2, TRUE);
    m_pBarPane1->SetAlmostLargeText(" 共 9999 记录 ");
    m_wndStatusBar.AddElement(m_pBarPane0, strTitlePane1);
    m_wndStatusBar.AddExtendedElement(m_pBarPane1, strTitlePane2);
    ...
    EnableAutoHidePanes(CBRS_ALIGN_ANY);
    m_pTableCBox   = DYNAMIC_DOWNCAST(CMFCRibbonComboBox,
                       m_wndRibbonBar.FindByID(ID_COMBO_TABLE));
    m_pTableCBox->AddItem("学生信息");
    m_pTableCBox->AddItem("课程信息");
    m_pTableCBox->AddItem("学生成绩");
    return 0;
}
```

（10）为 CEx_StudentView 类添加面板上各元素的 COMMAND"事件"的默认消息映射函数。

（11）在 CEx_StudentDoc 类中添加下列成员变量。

```
//特性
public:
    int            m_nInfoTableIndex;
    CStringArray   m_strContents;
```

8.3.2 列表显示

在列表视图中显示的内容是根据用户对"记录编辑"面板中数据表的选择（包括"刷新"操作）以及"信息查询"面板中的查询操作来决定的。具体步骤如下。

（1）为 CEx_StudentView 类添加下列 6 个成员函数。

```
void CEx_StudentView::DispTableInfoToList(CString strCmd)
{
    CListCtrl& m_ListCtrl = GetListCtrl();
    m_ListCtrl.DeleteAllItems();

    _CommandPtr    pCmd;
    pCmd.CreateInstance(__uuidof(Command));        //初始化 Command 指针
    //通过命令查询并获取其记录子集
    pCmd->ActiveConnection = theApp.m_pConnection;
```

```cpp
                //指向已有的连接
                pCmd->CommandText    = _bstr_t(strCmd);
                //指定一个 SQL 查询
                _RecordsetPtr    pSet;
                pSet.CreateInstance(__uuidof(Recordset));            //初始化 Recordset 指针
                //执行命令,并返回一个记录集指针
                pSet = pCmd->Execute(NULL, NULL, adCmdText);
                //显示记录

                FieldsPtr     flds = pSet->GetFields();              //获取当前表的字段指针
                _bstr_t       str, value;
                _variant_t    Index;
                Index.vt = VT_I2;

                int nItem = 0;
                while(!pSet->adoEOF){
                    for(int i = 0; i<(int)flds->GetCount(); i++){
                        Index.iVal   = i;
                        str          = flds->GetItem(Index)->GetName();
                        try{
                            value    = pSet->GetCollect(str);
                        } catch(...)
                        {
                            value    = "0";
                        }
                        if(adBoolean == flds->GetItem(Index)->GetType())
                        {
                            if(str == _bstr_t("xb"))
                            {
                                if(value == _bstr_t("0"))    value    = "女";
                                else                         value    = "男";
                            }
                            else
                            {
                                if(value == _bstr_t("0"))    value    = "否";
                                else                         value    = "是";
                            }
                        }
                        if(i == 0)
                            m_ListCtrl.InsertItem(nItem, (LPCSTR)value);
                        else
                            m_ListCtrl.SetItemText(nItem, i, (LPCSTR)value);
                    }
                    pSet->MoveNext();
```

```cpp
            nItem++;
        }
        pSet->Close();

        CMainFrame *    pFrame  = (CMainFrame *)AfxGetApp()->m_pMainWnd;
        CString strNum;
        strNum.Format("共 %d 记录", nItem);

        pFrame->m_pBarPane0->SetText("就绪");
        pFrame->m_pBarPane0->Redraw();
        pFrame->m_pBarPane1->SetText(strNum);
        pFrame->m_pBarPane1->Redraw();
}
void CEx_StudentView::DispStudentTable(CString strFilter)
{
    CListCtrl& m_ListCtrl = GetListCtrl();
    while(m_ListCtrl.DeleteColumn(0));          //删除列表头

    CString strHeader[]    = {"姓名","学号","性别","出生年月","专业" };
    int         nLong[]    = { 80,    80,    60,    100,       180};
    for(int nCol= 0; nCol<sizeof(strHeader)/sizeof(CString); nCol++)
        m_ListCtrl.InsertColumn(nCol,strHeader[nCol],
                            LVCFMT_LEFT,nLong[nCol]);

    CString strCmd        = "SELECT * FROM student ORDER BY studentno";
    strFilter.Trim();
    if(!(strFilter.IsEmpty()))
        strCmd.Format("SELECT * FROM student WHERE %s ORDER BY studentno",
                        strFilter);
    DispTableInfoToList(strCmd);
}
void CEx_StudentView::DispCourseTable(CString strFilter)
{
    CListCtrl& m_ListCtrl = GetListCtrl();
    while(m_ListCtrl.DeleteColumn(0));          //删除列表头

    CString strHeader[]    = {"课程号","专业","课程名","课程类型",
                        "开课学期","时数","学分"};
    int         nLong[]    = { 80,    180,    160,    80,
                              80,    80,    80 };
    for(int nCol= 0; nCol<sizeof(strHeader)/sizeof(CString); nCol++)
        m_ListCtrl.InsertColumn(nCol,strHeader[nCol],
                            LVCFMT_LEFT,nLong[nCol]);

    CString strCmd        = "SELECT * FROM course ORDER BY courseno";
```

```cpp
        strFilter.Trim();
        if(!(strFilter.IsEmpty()))
            strCmd.Format("SELECT * FROM course WHERE %s ORDER BY courseno",
                        strFilter);
        DispTableInfoToList(strCmd);
    }
    void CEx_StudentView::DispScoreTable(CString strFilter)
    {
        CListCtrl& m_ListCtrl = GetListCtrl();
        while(m_ListCtrl.DeleteColumn(0));              //删除列表头

        CString strHeader[]    = {"学号", "年度学期", "课程号", "成绩",
                                "学分", "状态" };
        int     nLong[]        = { 80,     80,         80,      80,
                                80,    80 };
        for(int nCol= 0; nCol<sizeof(strHeader)/sizeof(CString); nCol++)
            m_ListCtrl.InsertColumn(nCol,strHeader[nCol],
                                LVCFMT_LEFT,nLong[nCol]);

        CString strCmd        = "SELECT * FROM score ORDER BY studentno";
        strFilter.Trim();
        if(!(strFilter.IsEmpty()))
            strCmd.Format("SELECT * FROM score WHERE %s ORDER BY studentno",
                        strFilter);
        DispTableInfoToList(strCmd);
    }
    void CEx_StudentView::DispStudentScoreInfo(CString strFilter)
    {
        CListCtrl& m_ListCtrl = GetListCtrl();
        while(m_ListCtrl.DeleteColumn(0));              //删除列表头

        CString strHeader[]    = {"学号", "姓名", "年度学期", "课程号", "课程名称",
                                "成绩", "学分", "状态"};
        int     nLong[]        = { 80,    100,    80,         80,      160,
                                80,    80,    80 };
        for(int nCol= 0; nCol<sizeof(strHeader)/sizeof(CString); nCol++)
            m_ListCtrl.InsertColumn(nCol,strHeader[nCol],
                                LVCFMT_LEFT,nLong[nCol]);

        CString strCmd        = "SELECT score.studentno, student.studentname, \
            score.yearterm, score.course, course.coursename, score.score, \
            score.credit, score.curstate FROM (score INNER JOIN course ON \
            score.course = course.courseno)    INNER JOIN student ON \
            score.studentno = student.studentno";
```

```
    strFilter.Trim();
    if(!(strFilter.IsEmpty()))
        strCmd           = strCmd+strFilter
                           +" ORDER BY score.studentno, score.yearterm";
    else
        strCmd           = strCmd
                           +" ORDER BY score.studentno, score.yearterm";
    DispTableInfoToList(strCmd);
}
void CEx_StudentView::DispCourseScoreInfo(CString strFilter)
{
    CListCtrl& m_ListCtrl = GetListCtrl();
    while(m_ListCtrl.DeleteColumn(0));            //删除列表头

    CString strHeader[]  = {"年度学期", "课程号", "课程名称", "学号",
                            "成绩", "学分"};
    int     nLong[]      = { 80,     80,      160,     80,
                            80,     80 };
    for(int nCol= 0; nCol<sizeof(strHeader)/sizeof(CString); nCol++)
        m_ListCtrl.InsertColumn(nCol,strHeader[nCol],
                                LVCFMT_LEFT,nLong[nCol]);

    CString strCmd       = "SELECT score.yearterm, score.course, \
        course.coursename, score.studentno, score.score, score.credit \
        FROM score INNER JOIN course ON score.course = course.courseno ";
    strFilter.Trim();
    if(!(strFilter.IsEmpty()))
        strCmd           = strCmd+strFilter+" ORDER BY score.score";
    else
        strCmd           = strCmd +" ORDER BY score.score";
    DispTableInfoToList(strCmd);
}
```

（2）在 CEx_StudentView∷OnInitialUpdate()函数中添加下列代码。

```
void CEx_StudentView::OnInitialUpdate()
{
    CListView::OnInitialUpdate();
    CListCtrl& m_ListCtrl = GetListCtrl();
    m_ListCtrl.SetExtendedStyle(LVS_EX_FULLROWSELECT|LVS_EX_GRIDLINES);

    CMainFrame*    pFrame    = (CMainFrame *)AfxGetApp()->m_pMainWnd;
    pFrame->m_pTableCBox->SelectItem(0);
    GetDocument()->m_nInfoTableIndex   = 0;
    OnButtonFresh();         //"刷新"按钮的 COMMAND 映射函数调用
}
```

（3）在 CEx_StudentView 类中"刷新"按钮的 COMMAND 映射函数中添加下列代码。

```
void CEx_StudentView::OnButtonFresh()
{
    int nTableIndex    = GetDocument()->m_nInfoTableIndex;
    if((nTableIndex<0)   || (nTableIndex>2))
    {
        CMainFrame *    pFrame  = (CMainFrame *)AfxGetApp()->m_pMainWnd;
        nTableIndex    = pFrame->m_pTableCBox->GetCurSel();
        if(nTableIndex >= 0)
            GetDocument()->m_nInfoTableIndex    = nTableIndex;
    }

    if     (0 == nTableIndex) DispStudentTable("");
    else if (1 == nTableIndex) DispCourseTable("");
    else if (2 == nTableIndex) DispScoreTable("");
}
```

8.3.3 专业字典维护

具体步骤如下。

（1）添加一个新的对话框资源 IDD_DIALOG_SPEDICT，将 Caption（标题）属性设为"专业字典维护"，为其创建对话框类 CSpecDictDlg。

（2）参看如图 8.2 所示的控件布局，打开网格。添加一个组合框（ID 默认），Type（类型）属性设为 Simple，为其绑定 Control（CComboBox）和 Value（CString）成员变量分别为 m_DictCBox 和 m_strSpecial。删除"取消"按钮，将"确定"按钮的 Caption（标题）改为"退出"。添加"添加"和"删除"按钮，并映射其 BN_CLICKED"事件"消息，在其映射函数中添加下列代码。

```
void CSpecDictDlg::OnBnClickedButtonAdd()
{
    UpdateData();
    m_strSpecial.Trim();
    if(m_strSpecial.IsEmpty())    {
        MessageBox("专业名称不能为空!");
        return;
    }
    //先查找是否有相同专业名称记录
    _CommandPtr    pCmd;
    pCmd.CreateInstance(__uuidof(Command));         //初始化 Command 指针
    //通过命令查询并获取其记录子集
    pCmd->ActiveConnection = theApp.m_pConnection;
    //指向已有的连接
```

```
    CString strCmd;
    strCmd.Format("SELECT * FROM special WHERE special= '%s'",
                  m_strSpecial);
    pCmd->CommandText = _bstr_t(strCmd);
    //指定一个 SQL 查询
    _RecordsetPtr    pSet;
    pSet.CreateInstance(__uuidof(Recordset));     //初始化 Recordset 指针
    //执行命令,并返回一个记录集指针
    pSet = pCmd->Execute(NULL, NULL, adCmdText);
    if(!pSet->adoEOF){
        MessageBox("有相同的专业名称记录存在!");
        pSet->Close();
        return;
    }
    strCmd.Format("INSERT INTO special(special) VALUES('%s')",
                  m_strSpecial);
    pCmd->CommandText = _bstr_t(strCmd);
    pCmd->Execute(NULL, NULL, adCmdText);
    MessageBox("专业名称记录已成功添加!");
    theApp.UpdateSpecDictToCBox(m_DictCBox);
}
void CSpecDictDlg::OnBnClickedButtonDel()
{
    int    nCurSel  = m_DictCBox.GetCurSel();
    if(nCurSel<0)
    {
        MessageBox("当前组合框中没有选择项!");
        return;
    }

    CString strItem;
    m_DictCBox.GetLBText(nCurSel, strItem);
    _CommandPtr    pCmd;
    pCmd.CreateInstance(__uuidof(Command));       //初始化 Command 指针
    //通过命令查询并获取其记录子集
    pCmd->ActiveConnection = theApp.m_pConnection;
    //指向已有的连接
    CString strCmd;
    strCmd.Format("DELETE FROM special WHERE special= '%s'", strItem);
    pCmd->CommandText = _bstr_t(strCmd);
    pCmd->Execute(NULL, NULL, adCmdText);
    MessageBox("当前专业名称记录已成功删除!");
    theApp.UpdateSpecDictToCBox(m_DictCBox);
}
```

(3) 添加虚函数 OnInitDialog()的重写(重载),并添加下列代码。

```
BOOL CSpecDictDlg::OnInitDialog()
{
    CDialogEx::OnInitDialog();
    theApp.UpdateSpecDictToCBox(m_DictCBox);
    return TRUE; //return TRUE unless you set the focus to a control
    //异常: OCX 属性页应返回 FALSE
}
```

(4) 其他略。

8.3.4 表记录操作

对于数据表中记录的添加和修改,一般首先根据当前 m_nInfoTableIndex 的值来决定要调用的对话框,然后根据填写的数据且对话框返回 IDOK 时,添加到相应的数据表中或修改表中的记录。对于数据表中的记录删除操作,可有下列参考代码。

```
void CEx_StudentView::OnButtonDel()
{
    int nTableIndex    = GetDocument()->m_nInfoTableIndex;
    if((nTableIndex < 0) || (nTableIndex > 2))
    {
        MessageBox("不是当前可操作的数据表!");
        return;
    }

    CListCtrl& m_ListCtrl = GetListCtrl();
    POSITION  curPos    = m_ListCtrl.GetFirstSelectedItemPosition();
    int       nCurSel   = m_ListCtrl.GetNextSelectedItem(curPos);
    if(nCurSel < 0)
    {
        MessageBox("当前列表控件中没有选择项!");
        return;
    }

    int nChoice = MessageBox("确定要删除吗?",    "警告",
                             MB_YESNO|MB_ICONQUESTION);
    if(nChoice != IDOK)    return;

    //根据不同的表构造不同的删除命令
    _CommandPtr      pCmd;
    pCmd.CreateInstance(__uuidof(Command));          //初始化 Command 指针
    //通过命令查询并获取其记录子集
```

```cpp
    pCmd->ActiveConnection = theApp.m_pConnection;
    //指向已有的连接
    CString strCmd, strItem;
    if     (nTableIndex == 0)
    {
        //学生表 student,获取学号 studentno
        strItem    = m_ListCtrl.GetItemText(nCurSel, 1);
        strCmd.Format("DELETE FROM student WHERE studentno='%s'",
                       strItem);
    }
    else if(nTableIndex == 1)
    {
        //课程表 course,获取课程号 courseno
        strItem    = m_ListCtrl.GetItemText(nCurSel, 0);
        strCmd.Format("DELETE FROM course WHERE courseno='%s'", strItem);
    }
    else
    {
        //成绩表 course
        CString strItem0    = m_ListCtrl.GetItemText(nCurSel, 0);
        CString strItem1    = m_ListCtrl.GetItemText(nCurSel, 1);
        CString strItem2    = m_ListCtrl.GetItemText(nCurSel, 2);
        CString strItem5    = m_ListCtrl.GetItemText(nCurSel, 5);
        strCmd.Format("DELETE FROM score WHERE studentno='%s' AND \
            yearterm='%s' AND course='%s' AND curstate= '%s'",
            strItem0, strItem1, strItem2, strItem5);
    }
    pCmd->CommandText  = _bstr_t(strCmd);
    pCmd->Execute(NULL, NULL, adCmdText);

    MessageBox("当前表记录已成功删除!");
    OnButtonFresh();
}
```

8.3.5 统计分析

学分"计算"统计时,首先调用如图 8.6 所示的对话框,当返回 IDOK 后,根据学号和年度学期获取学生成绩记录,并用消息对话框显示计算总学分、总学时和平均成绩结果。

用"直方图"分析课程成绩时,首先调用如图 8.7 所示的对话框,当返回 IDOK 后,根据课程号和班级获取成绩记录,弹出如图 8.8 所示的对话框,显示相应成绩分布直方图。

具体步骤如下。

(1) 添加一个新的对话框资源 IDD_DIALOG_GRAPH,将 Caption(标题)属性设为"课程成绩直方图",为其创建对话框类 CGraphDlg。

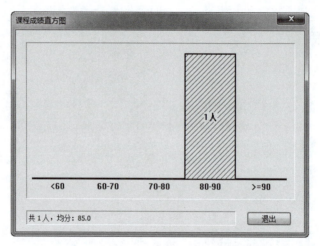

图 8.8　课程成绩直方图

（2）参看如图 8.8 所示的控件布局，打开网格，调整对话框大小（调至 322×177px）。删除"取消"按钮，将"确定"按钮的 Caption（标题）改为"退出"。添加两个静态文本控件 IDC_STATIC_TEXT 和 IDC_STATIC_DRAW，将 Sunken 和 Center Image 属性设为 True，删除 Caption（标题）属性内容。

（3）为 CGraphDlg 类添加成员函数 DrawScore()，添加下列代码。

```
void CGraphDlg::DrawScore(void)
{
    if(m_arrScore.GetCount()<1) return;
    //nArray 成绩是原成绩 x10 的结果
    int i;
    int nScoreNum[] = { 0, 0, 0, 0, 0 };        //各成绩段的人数的初始值
    int nSegNum    = 5;                         //注意要与数组大小相同
    //下面是用来统计各分数段的人数
    for(i= 0; i<m_arrScore.GetCount(); i++)    {
        int nSeg = (int)(m_arrScore[i])/100;   //取数的"十"位上的值
        if(nSeg < 6)      nSeg = 5;            //<60 分
        if(nSeg == 10)    nSeg = 9;            //当为 100 分,算为>90 分数段
        nScoreNum[nSeg-5]++;                   //各分数段计数
    }

    //求分数段上最大的人数
    int nNumMax = nScoreNum[0];
    for(i=1; i<nSegNum; i++)    {
        if(nNumMax<nScoreNum[i]) nNumMax = nScoreNum[i];
    }

    CWnd*     pWnd    = GetDlgItem(IDC_STATIC_DRAW);
```

```
pWnd->UpdateWindow();
CDC *     pDC     = pWnd->GetDC();              //获得窗口当前的设备环境指针

CRect rc;
pWnd->GetClientRect(rc);
pDC->SetBkColor(afxGlobalData.clrBarFace);
rc.DeflateRect(10, 25);                         //缩小矩形大小
rc.OffsetRect(0, -6);                           //上移6
int nSegWidth    = rc.Width()/nSegNum;          //计算每段的宽度
int nSegHeight   = rc.Height()/nNumMax;         //计算每段的单位高度
COLORREF    crSeg = RGB(0,0,192);               //定义一个颜色变量
CBrush      brush1(HS_FDIAGONAL, crSeg);
CBrush      brush2(HS_BDIAGONAL, crSeg);
CPen        pen(PS_SOLID, 2, crSeg);
CBrush * oldBrush = pDC->SelectObject(&brush1);
CPen *   oldPen   = pDC->SelectObject(&pen);
CRect rcSeg(rc);
rcSeg.right = rcSeg.left+nSegWidth;
CString strSeg[] = {"<60","60-70","70-80","80-90",">= 90"};
CRect rcStr;
for(i= 0; i<nSegNum; i++)     {
    //保证相邻的矩形填充样式不相同
    if(i%2)
        pDC->SelectObject(&brush2);
    else
        pDC->SelectObject(&brush1);
    rcSeg.top = rcSeg.bottom-nScoreNum[i] * nSegHeight-2;
    //计算每段矩形的高度
    pDC->Rectangle(rcSeg);
    if(nScoreNum[i]>0)     {
        CString str;
        str.Format("%d 人", nScoreNum[i]);
        pDC->DrawText(str, rcSeg, DT_CENTER | DT_VCENTER | DT_SINGLELINE);
    }
    rcStr       = rcSeg;
    rcStr.top   = rcStr.bottom+2;        rcStr.bottom+= 20;
    pDC->DrawText(strSeg[i], rcStr,
                  DT_CENTER | DT_VCENTER | DT_SINGLELINE);
    rcSeg.OffsetRect(nSegWidth, 0);             //右移矩形
}
pDC->SelectObject(oldBrush);                    //恢复原来的画刷属性
pDC->SelectObject(oldPen);                      //恢复原来的画笔属性
}
```

(4) 为 CGraphDlg 类添加下列成员变量。

```
public:
    CString         m_strResult;
    CUIntArray      m_arrScore;
```

(5) 为 CGraphDlg 类添加虚函数 OnInitDialog()"重写"(重载),并添加下列代码。

```
BOOL CGraphDlg::OnInitDialog()
{
    CDialogEx::OnInitDialog();
    GetDlgItem(IDC_STATIC_TEXT)->SetWindowText(m_strResult);
    return TRUE; //return TRUE unless you set the focus to a control
    //异常: OCX 属性页应返回 FALSE
}
```

(6) 为 CGraphDlg 类添加 WM_PAINT 消息的映射函数,并添加下列代码。

```
void CGraphDlg::OnPaint()
{
    CPaintDC dc(this);//device context for painting
    UpdateWindow();
    DrawScore();
}
```

(7) 在 CEx_StudentView::OnButtonGraph() 函数("统计分析"面板中"直方图"命令映射函数)中添加下列代码。

```
void CEx_StudentView::OnButtonGraph()
{
    CPickCNoDlg     dlg;
    dlg.m_nPickMode = 1;
    if(dlg.DoModal() != IDOK)    return;
    //按课程号和班级查找 score 表
    CGraphDlg       showDlg;
    float           fAllScore = 0.0f;
    //创建查询并获取记录子集
    _CommandPtr     pCmd;
    pCmd.CreateInstance(__uuidof(Command));        //初始化 Command 指针
    //通过命令查询并获取其记录子集
    pCmd->ActiveConnection = theApp.m_pConnection;
    //指向已有的连接
    CString strCmd;
```

```
    strCmd.Format("SELECT * FROM score WHERE course= '%s' AND studentno \
        LIKE '%s__' ",   dlg.m_strCNO, dlg.m_strClass);
    pCmd->CommandText      = _bstr_t(strCmd);
    //指定一个 SQL 查询
    _RecordsetPtr    pSet;
    pSet.CreateInstance(__uuidof(Recordset));              //初始化 Recordset 指针
    //执行命令,并返回一个记录集指针
    pSet = pCmd->Execute(NULL, NULL, adCmdText);
    _bstr_t    value;
    showDlg.m_arrScore.RemoveAll();
    while(!pSet->adoEOF)    {
        value           = pSet->GetCollect(_bstr_t("score"));
        float   fScore  = (float)(atof((LPCSTR)value));
        fAllScore       += fScore;
        showDlg.m_arrScore.Add((UINT)(fScore * 10.0f));
        pSet->MoveNext();
    }
    pSet->Close();
    int      nNum    = showDlg.m_arrScore.GetCount();
    if(nNum>0)
        showDlg.m_strResult.Format("共%d 人,均分：%.1f",
            nNum, fAllScore/((float)nNum));
    else
        showDlg.m_strResult = "共 0 人";
    showDlg.DoModal();
}
```

（8）在 Ex_StudentView.cpp 文件的前面添加 CGraphDlg、CPickCNoDlg 等类的头文件包含,编译运行并测试。

8.3.6　序列化

这里的"序列化"与一般序列化不同,它是将"信息查询"的显示列表内容(包括列表头信息)读取并保存到文档中。同时,将打开的文档内容读取并还原成列表显示。具体步骤如下(这里先实现"学期成绩"的查询功能)。

（1）在 CEx_StudentView∷OnButtonScore()函数("信息查询"面板中"学期成绩"命令映射函数)中添加下列代码。

```
void CEx_StudentView::OnButtonScore()
{
    CPickStuDlg      dlg;
    dlg.m_nPickMode      = 1;
    if(IDOK != dlg.DoModal())    return;
```

```cpp
//根据学号、是否班级、学期创建查询条件
//01 表示新生第 1 学期,是秋季学期
//先根据学号分解班号、年号
dlg.m_strStuNo.Trim();
CString     strClass    = dlg.m_strStuNo.Left(6);
CString     strYearTerm = "";
if(dlg.m_nTermNum>0)
    strYearTerm.Format(" AND score.yearterm= '20%s%02d' ",
                        strClass.Mid(2, 2), dlg.m_nTermNum);

CString     strFilter   = "";
if(dlg.m_bPickClassNO)
    strFilter.Format(" WHERE score.studentno LIKE '%s__'", strClass);
else
    strFilter.Format(" WHERE score.studentno= '%s'", dlg.m_strStuNo);

DispStudentScoreInfo(strFilter+strYearTerm);
GetDocument()->m_nInfoTableIndex    = 4;
}
```

(2) 为 CEx_StudentView 类添加成员函数 DoListDataToArray(),用来将当前显示的列表内容读取到文档类中的 m_strContents 中。

```cpp
void CEx_StudentView::DoListDataToArray(void)
{
    GetDocument()->m_strContents.RemoveAll();
    int     nTableIndex = GetDocument()->m_nInfoTableIndex;
    CString strLine0;
    strLine0.Format("%d", nTableIndex);
    GetDocument()->m_strContents.Add(strLine0);

    if((nTableIndex>= 0) && (nTableIndex<= 2))    return;

    CListCtrl& m_ListCtrl = GetListCtrl();
    LVCOLUMN col;
    col.mask    = LVCF_WIDTH;
    int     nColIndex = 0;
    CUIntArray arrWidth;
    while(true)
    {
        if(!(m_ListCtrl.GetColumn(nColIndex, &col))) break;
        else
            arrWidth.Add(col.cx);
```

```
            nColIndex++;
    }

    int     nColNum     = arrWidth.GetCount();
    strLine0.Format("%d", nColNum);
    GetDocument()->m_strContents.Add(strLine0);

    if(nColNum < 1)    return;

    //获取列表头文本
    TCHAR strChar[256];
    col.mask          = LVCF_TEXT;
    col.pszText       = strChar;
    col.cchTextMax    = 256;

    for(int i= 0; i<arrWidth.GetCount(); i++)
    {
        strLine0.Format("%d", arrWidth[i]);
        GetDocument()->m_strContents.Add(strLine0);

        if(m_ListCtrl.GetColumn(i, &col))
        {
            strLine0.Format("%s", col.pszText);
            GetDocument()->m_strContents.Add(strLine0);
        }
        else
            GetDocument()->m_strContents.Add(" ");
    }

    int nItemNum    = m_ListCtrl.GetItemCount();
    for(int item=0; item<nItemNum; item++)
    {
        for(int sub= 0; sub<nColNum; sub++)
        {
            CString strItem = m_ListCtrl.GetItemText(item, sub);
            if(sub == 0)    strLine0 = strItem;
            else            strLine0 = strLine0+","+strItem;
        }
        GetDocument()->m_strContents.Add(strLine0);
    }
}
```

（3）为 CEx_StudentView 类添加成员函数 DoArrayDataToList()，用来将文档类中的 m_strContents 还原到当前列表中并显示。

```cpp
void CEx_StudentView::DoArrayDataToList(void)
{
    int nDataNum = GetDocument()->m_strContents.GetCount();
    if(nDataNum<1)          return;
    int nTableIndex = atoi( GetDocument()->m_strContents[0]);
    if((nTableIndex>= 0) && (nTableIndex<= 2))
    {
        GetDocument()->m_nInfoTableIndex    = nTableIndex;
        OnButtonFresh();
    }

    //重建列表头
    if(nDataNum < 2)    return;
    int    nColNum = atoi(GetDocument()->m_strContents[1]);
    if(nColNum < 1)     return;

    CListCtrl& m_ListCtrl = GetListCtrl();
    while(m_ListCtrl.DeleteColumn(0));          //删除列表头

    if(nDataNum < 2+ nColNum * 2 )    return;
    for(int i=0; i<nColNum; i++)
    {
        int nWidth = atoi(GetDocument()->m_strContents[2+i * 2]);
        m_ListCtrl.InsertColumn(i,
            GetDocument()->m_strContents[2+i * 2+1],
            LVCFMT_LEFT, nWidth);
    }

    m_ListCtrl.DeleteAllItems();
    int nDataIndex = 2 + nColNum * 2;
    int    nItem = 0;
    for(int i= nDataIndex; i<nDataNum; i++)
    {
        CString strItem = GetDocument()->m_strContents[i];
        int     nIndex = strItem.Find(",");
        if(nIndex>= 0)
        {
            m_ListCtrl.InsertItem(nItem, strItem.Left(nIndex));
            CString strSub = strItem.Mid(nIndex + 1);
            int    nSubItem = 1;
            int    nSubIndex;
            while((nSubIndex = strSub.Find(",")) >= 0)
            {
                m_ListCtrl.SetItemText(nItem, nSubItem,
                                    strSub.Left(nSubIndex));
```

```
                strSub            = strSub.Mid(nSubIndex+1);
                nSubItem++;
            }
            m_ListCtrl.SetItemText(nItem, nSubItem, strSub);
        }
        else
            m_ListCtrl.InsertItem(nItem, strItem);

        nItem++;
    }

    CMainFrame *    pFrame    = (CMainFrame *)AfxGetApp()->m_pMainWnd;
    CString strNum;
    strNum.Format("共 %d 记录", nItem);
    pFrame->m_pBarPane1->SetText(strNum);
    pFrame->m_pBarPane1->Redraw();
}
```

（4）在 CEx_StudentDoc∷Serialize()函数中添加下列序列化代码。

```
void CEx_StudentDoc::Serialize(CArchive& ar)
{
    if(ar.IsStoring())
    {       //TODO: 在此添加存储代码
        POSITION           pos      = GetFirstViewPosition();
        CEx_StudentView *  pView    = (CEx_StudentView *)GetNextView(pos);
        pView->DoListDataToArray();
    }
    else{   //TODO: 在此添加加载代码
    }
    m_strContents.Serialize(ar);
}
```

（5）打开 String Table(字符串)资源列表中的 IDR_MAINFRAME,将其内容修改为：

学生信息管理系统\n\nEx_Student\n 学生信息文件(*.stu)\n.stu\n ExStudent.Document\nEx_Student.Document

（6）添加所调用的类的头文件包含,编译运行并测试序列化功能。

8.3.7 打印和打印预览

这里的打印不同于文档的打印,它只是将当前列表显示的内容打印出来。当然,为了使打印的结果更完美,需要构建页眉、页脚及打印所需的字体等。具体步骤如下。

（1）打开 Ex_StudentView.h，在 #pragma once 和 class CEx_StudentView：public CListView 之间添加下列结构体类型 PAGEINFO，同时在 CEx_StudentView 类中添加该结构类型的成员变量 thePageInfo。

```
#pragma once
struct PAGEINFO {                           //页面信息结构
    CSize       sizePage;                   //页面/纸大小
    int         n1PageItemNum;              //1页最大的列表项数

    int         nLMargin;                   //左边距
    int         nRMargin;                   //右边距
    int         nTMargin;                   //上边距
    int         nBMargin;                   //下边距
    int         nPhyLeft;                   //物理左边距
    int         nPhyRight;                  //物理右边距
    int         nPhyTop;                    //物理上边距
    int         nPhyBottom;                 //物理下边距

    LOGFONT lfHead;                         //页眉字体
    LOGFONT lfFoot;                         //页脚字体
    LOGFONT lfText;                         //正文字体
};
class CEx_StudentView : public CListView
{
protected://仅从序列化创建
    CEx_StudentView();
    DECLARE_DYNCREATE(CEx_StudentView)
//特性
public:
    CEx_StudentDoc* GetDocument() const;
    PAGEINFO            thePageInfo;
```

（2）在 CEx_StudentView 类构造函数中，添加下列代码。

```
CEx_StudentView::CEx_StudentView()
{
    memset(&thePageInfo, 0, sizeof(PAGEINFO));          //所有成员置为0
    float fontScale = 254.0f/72.0f;                     //一个点相当于多少0.1mm
    //页眉字体,9号字
    thePageInfo.lfHead.lfHeight     = -(int)(9 * fontScale+0.5f);
    thePageInfo.lfHead.lfWeight     = FW_BOLD;
    thePageInfo.lfHead.lfCharSet    = GB2312_CHARSET;
    ::lstrcpy((LPSTR)&(thePageInfo.lfHead.lfFaceName), "黑体");
    //页脚字体,9号字
```

```
    thePageInfo.lfFoot.lfHeight    = -(int)(9 * fontScale+0.5f);
    thePageInfo.lfFoot.lfWeight    = FW_NORMAL;
    thePageInfo.lfFoot.lfCharSet   = GB2312_CHARSET;
    ::lstrcpy((LPSTR)&(thePageInfo.lfFoot.lfFaceName), "楷体_GB2312");
    //正文字体,11号字
    thePageInfo.lfText.lfHeight    = -(int)(11 * fontScale+0.5f);
    thePageInfo.lfText.lfWeight    = FW_NORMAL;
    thePageInfo.lfText.lfCharSet   = GB2312_CHARSET;
    ::lstrcpy((LPSTR)&(thePageInfo.lfText.lfFaceName), "宋体");
}
```

(3) 在 CEx_StudentView 类中添加 4 个成员函数,分别用来设置页面信息、页眉、页脚和列表显示的内容。

```
void CEx_StudentView::SetPageInfo(CDC * pDC, CPrintInfo * pInfo,
        int l, int t, int r, int b)
//l,t,r,b 分别表示左、上、右、下的页边距
{
    //计算一个设备单位等于多少 0.1mm
    float scaleX = 254.0f/(float)GetDeviceCaps(pDC->m_hAttribDC,
                                        LOGPIXELSX);
    float scaleY = 254.0f/(float)GetDeviceCaps(pDC->m_hAttribDC,
                                        LOGPIXELSY);
    int x = GetDeviceCaps(pDC->m_hAttribDC, PHYSICALOFFSETX);
    int y = GetDeviceCaps(pDC->m_hAttribDC, PHYSICALOFFSETY);
    int w = GetDeviceCaps(pDC->m_hAttribDC, PHYSICALWIDTH);
    int h = GetDeviceCaps(pDC->m_hAttribDC, PHYSICALHEIGHT);
    int nPageWidth      = (int)(w * scaleX+0.5f);    //纸宽,单位 0.1mm
    int nPageHeight     = (int)(h * scaleY+0.5f);    //纸高,单位 0.1mm
    int nPhyLeft        = (int)(x * scaleX+0.5f);    //物理左边距,单位 0.1mm
    int nPhyTop         = (int)(y * scaleY+0.5f);    //物理上边距,单位 0.1mm
    CRect rcTemp        = pInfo->m_rectDraw;
    rcTemp.NormalizeRect();
    int nPhyRight       = nPageWidth-rcTemp.Width()-nPhyLeft;
    //物理右边距,单位 0.1mm
    int nPhyBottom      = nPageHeight-rcTemp.Height()-nPhyTop;
    //物理下边距,单位 0.1mm
    //若边距小于物理边距,则调整它们
    if(l<nPhyLeft)      l = nPhyLeft;
    if(t<nPhyTop)       t = nPhyTop;
    if(r<nPhyRight)     r = nPhyRight;
    if(b<nPhyBottom)    b = nPhyBottom;
    thePageInfo.nLMargin = l;   thePageInfo.nRMargin = r;
    thePageInfo.nTMargin = t;   thePageInfo.nBMargin = b;
```

```
        thePageInfo.nPhyLeft      = nPhyLeft;
        thePageInfo.nPhyRight     = nPhyRight;
        thePageInfo.nPhyTop       = nPhyTop;
        thePageInfo.nPhyBottom    = nPhyBottom;
        thePageInfo.sizePage      = CSize(nPageWidth, nPageHeight);
        //计算并调整 pInfo->m_rectDraw 的大小
        pInfo->m_rectDraw.left    = l-nPhyLeft;
        pInfo->m_rectDraw.top     = -t+nPhyTop;
        pInfo->m_rectDraw.right  -= r-nPhyRight;
        pInfo->m_rectDraw.bottom += b-nPhyBottom;
}
void CEx_StudentView::PrintHead(CDC* pDC, CPrintInfo* pInfo,
                                          CString strHead)
{
    CFont font;
    font.CreateFontIndirect(&thePageInfo.lfHead);
    CFont*     oldFont    = pDC->SelectObject(&font);
    CSize      strSize    = pDC->GetOutputTextExtent(strHead);
    CRect      rc         = pInfo->m_rectDraw;
    CPoint     pt;
    int        margin     = 200-thePageInfo.nPhyTop;
    //200 表示 20mm
    if(margin<0) margin = 0;
    //根据 mode 计算绘制页眉文本的起点
    int        mode       = -1;              //靠左
    if(mode<0)             pt = CPoint(rc.left, -margin);
    else if(mode>0)        pt = CPoint(rc.right-strSize.cx, -margin);
    else   pt = CPoint(rc.CenterPoint().x-strSize.cx/2, -margin);

    pDC->TextOut(pt.x, pt.y, strHead);       //绘制页眉文本

    int absY = pt.y>0 ? pt.y : -pt.y;
    if(absY>thePageInfo.nTMargin) pInfo->m_rectDraw.top = pt.y;
    pDC->SelectObject(oldFont);
    font.DeleteObject();
}
void CEx_StudentView::PrintFoot(CDC* pDC, CPrintInfo* pInfo,
                                          CString strFoot)
{
    CFont font;
    font.CreateFontIndirect(&thePageInfo.lfFoot);
    CFont*     oldFont    = pDC->SelectObject(&font);
    CSize      strSize    = pDC->GetOutputTextExtent(strFoot);
    CRect      rc         = pInfo->m_rectDraw;
```

```cpp
    CPoint      pt;
    int         margin      = thePageInfo.nBMargin-200-strSize.cy;
    int         nYFoot      = rc.bottom-margin;
    //根据 mode 计算绘制页脚文本的起点
    int         mode        = 1;               //靠右
    if(mode<0)              pt = CPoint(rc.left, nYFoot);
    else if(mode>0)         pt = CPoint(rc.right-strSize.cx, nYFoot);
    else    pt = CPoint(rc.CenterPoint().x-strSize.cx/2, nYFoot);

    pDC->TextOut(pt.x, pt.y, strFoot);      //绘制页脚文本
    pDC->SelectObject(oldFont);
    font.DeleteObject();
    if(margin<0)
        pInfo->m_rectDraw.bottom -= margin;
}
void CEx_StudentView::PrintListData(CDC* pDC, CPrintInfo* pInfo)
{
    CRect       rc          = pInfo->m_rectDraw;
    int         y           = rc.top;

    //获取列表头宽度
    CListCtrl& m_ListCtrl = GetListCtrl();
    LVCOLUMN col;
    col.mask        = LVCF_WIDTH;
    int nColIndex   = 0;
    int nSumWidth   = 0;
    CUIntArray arrWidth;
    while(true)
    {
        if(!(m_ListCtrl.GetColumn(nColIndex, &col))) break;
        else
        {
            nSumWidth       += col.cx;
            arrWidth.Add(nSumWidth);            //累加宽度
        }
        nColIndex++;
    }
    int nColNum = arrWidth.GetCount();
    if(nColNum < 1)     return;

    CFont   font;
    font.CreateFontIndirect(&thePageInfo.lfText);
    CFont*  oldFont     = pDC->SelectObject(&font);
    //构造并设置正文字体
```

```
float fPxScale        = 254.0f/96.0f;
//一个像素相当于多少 0.1mm


CPen    thickPen(PS_SOLID, 7, RGB(0,0,0));
CPen    slimPen(PS_SOLID, 1, RGB(0,0,0));

CPen*   oldPen        = pDC->SelectObject(&thickPen);

CRect   rcHeader(0, y-10,
    (int)(arrWidth[nColNum-1] * fPxScale), y-70);
int     xStart        = rc.left;
rcHeader.OffsetRect(xStart, 0);
pDC->FillSolidRect(rcHeader, RGB(192, 192, 192));
pDC->MoveTo(rcHeader.TopLeft());
pDC->LineTo(rcHeader.right, rcHeader.top);
pDC->SelectObject(&slimPen);
pDC->MoveTo(rcHeader.left,    rcHeader.bottom);
pDC->LineTo(rcHeader.right,   rcHeader.bottom);

xStart    += 20;

//获取列表头文本并绘制
TCHAR strChar[256];
col.mask         = LVCF_TEXT;
col.pszText      = strChar;
col.cchTextMax   = 256;
int     x        = xStart;
pDC->SetBkColor(RGB(192, 192, 192));
for(int i= 0; i<arrWidth.GetCount(); i++)
{
    if(m_ListCtrl.GetColumn(i, &col))
    {
        pDC->TextOut(x, y-20, col.pszText);
    }

    x    = xStart+(int)(arrWidth[i] * fPxScale);
}

//获取列表项文本并绘制
pDC->SetBkColor(RGB(255, 255, 255));
int nItemNum    = m_ListCtrl.GetItemCount();
int   nNum      = (rc.Height()+30)/60-1;
//在 MM_LOMETRIC 模式下,Height 为负值
if(nNum<0)
```

```
        thePageInfo.n1PageItemNum    = -nNum;
    else
        thePageInfo.n1PageItemNum    = nNum;

    int n1PageNum   = thePageInfo.n1PageItemNum;
    int nMaxPage    = nItemNum/n1PageNum+1;
    pInfo->SetMaxPage(nMaxPage);

    int nStart      = (pInfo->m_nCurPage-1) * n1PageNum;
    if(nStart < 0)          nStart    = 0;
    int   nEnd      = nStart+n1PageNum;
    if(nEnd>nItemNum)       nEnd      = nItemNum;

    for(int item    = nStart; item<nEnd; item++)
    {
        y    -= 60;    x    = xStart;
        for(int sub= 0; sub<nColNum; sub++)
        {
            CString strItem = m_ListCtrl.GetItemText(item, sub);
            pDC->TextOut(x, y-20, strItem);

            x    = xStart+(int)(arrWidth[sub] * fPxScale);
        }
    }

    //绘制底部修饰线
    y    -= 60+12;
    CRect    rcBtm(rcHeader.left, y, rcHeader.right, y-16);
    pDC->FillSolidRect(rcBtm, RGB(192, 192, 192));
    CPen    btmPen(PS_SOLID, 5, RGB(62,62,62));
    pDC->SelectObject(&btmPen);
    pDC->MoveTo(rcBtm.left,      rcBtm.top);
    pDC->LineTo(rcBtm.right,     rcBtm.top);

    pDC->SelectObject(oldFont);
    font.DeleteObject();

    pDC->SelectObject(oldPen);
}
```

(4) 在 CEx_StudentView 类"属性"窗口的"重写"页面中,添加虚函数 OnPrepareDC()的重载,并添加设置映射模式的代码。

```
void CEx_StudentView::OnPrepareDC(CDC * pDC, CPrintInfo * pInfo)
{
```

```
    pDC->SetMapMode(MM_LOMETRIC);                    //单位 0.1mm
    CListView::OnPrepareDC(pDC, pInfo);
}
```

（5）在 CEx_StudentView 类"属性"窗口的"重写"页面中，添加 OnPrint()虚函数的重载，并添加下列代码。

```
void CEx_StudentView::OnPrint(CDC* pDC, CPrintInfo* pInfo)
{
    SetPageInfo(pDC, pInfo, 250, 250, 250, 250);
    CString str = GetDocument()->GetTitle();        //获取文档名
    if(str.IsEmpty())
        str     = "无标题";
    str         = str+"-学生信息管理系统";
    PrintHead(pDC, pInfo, str);

    PrintListData(pDC, pInfo);

    str.Format("-%d-", pInfo->m_nCurPage);
    PrintFoot(pDC, pInfo, str);

    CListView::OnPrint(pDC, pInfo);
}
```

（6）编译运行并测试，结果如图 8.9 所示。

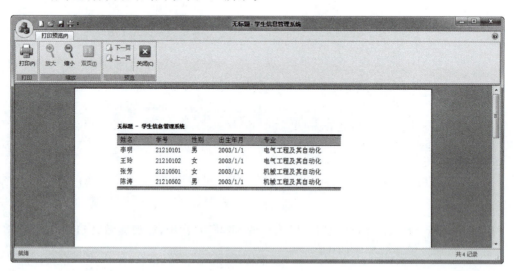

图 8.9　打印与打印预览

8.4 测试与部署

已完成的应用程序项目在发布之前还必须做好必要的测试,测试后可进行部署。所谓部署,就是发布已完成的应用程序或组件以便安装到其他计算机上的过程。

8.4.1 系统测试

软件测试是软件工程过程的一个重要阶段,是在软件投入运行前,对软件需求分析、设计和编码各阶段产品的最终检查,是为了保证软件开发产品的正确性、完全性和一致性,从而检测软件错误、修正软件错误的过程。软件开发的目的是开发出实现用户需求的高质量、高性能的软件产品,软件测试以检查软件产品内容和功能特性为核心,是软件质量保证的关键步骤,也是成功实现软件开发目标的重要保障。

1. 软件测试概述

软件测试依据测试任务要求的类型可分为有效性测试和验证测试两种类型。

有效性测试以实现用户需求为根本点,确认软件的功能、性能和其他特性是否与用户的要求相一致,内容包括需求规格说明、用户文档、程序文档等的有效性确认。

验证测试是检验软件开发各个阶段,以及阶段间的逻辑协调性、完备性和正确性。例如,需求分析是概要设计的依据,概要设计必须以满足需求为出发点和充分体现需求,使得阶段产品内容保持逻辑上的一致性和协调性。

软件测试可应用多种测试方法来实现测试任务要求,黑盒测试和白盒测试是广泛使用的两种基本的测试方法。

黑盒测试是功能测试、数据驱动测试或基于规格说明的测试。在不考虑程序内部结构和内部特性的情况下,测试者依据该程序功能上的输入/输出关系,或程序的外部特性来设计和选择测试用例,以推断程序编码的正确性。

白盒测试是结构测试、逻辑驱动测试或基于程序的测试。测试者熟悉程序的内部结构,依据程序模块的内部结构来设计测试用例,检测程序代码的正确性。

软件测试可运用多种不同的测试策略来实现,最常用的方式是自底向上分阶段进行,对不同开发阶段的产品采用不同的测试方法进行检测,从独立程序模块开始,然后进行程序测试、设计测试到确认测试,最终进行系统测试,共分为四个阶段过程:单元测试、集成测试、确认测试和系统测试。

单元测试是单独检测各模块,验证程序模块和详细设计是否一致,消除程序模块内部逻辑上和功能上的错误及缺陷。一般采用白盒测试法。单元测试还检查模块界面的输入/输出数据,判断模块是否符合设计要求、模块所涉及的局部数据结构的状况和改变、模块内部重要执行路径(包括出错处理路径)的正确性。

集成测试是将已测试的模块组装进行检测,对照软件设计检测和排除子系统或系统结构上的错误。一般采用黑盒测试法。集成测试的重点是检测模块接口之间的连接,发现访问公共数据结构可能引起的模块间的干扰,以及全局数据结构的不一致,测试软件系统或子系统输入输出处理、故障处理和容错等方面的能力。

确认测试是按规定需求,逐项进行有效性测试。检验软件的功能和性能及其他特性是否与用户的要求相一致。一般采用黑盒测试法。确认测试的基本事项有：功能确认（以用户需求规格说明为依据，检测系统需求规定功能的实现情况）、配置确认（检查系统资源和设备的协调情况，确保开发软件的所有文档资料编写齐全，能够支持软件运行后的维护工作。文档资料包括：设计文档、源程序、测试文档和用户文档等）。

系统测试是检测软件系统运行时与其他相关要素（硬件、数据库及操作人员等）的协调工作情况是否满足要求，包括性能测试、恢复测试和安全测试等内容。

上述 4 个阶段相互独立且顺序相接，单元测试在编码阶段即可进行，单元测试结束后进入独立测试阶段，从集成测试开始，依次进行。特别地，在 Microsoft Visual Studio 2010（Visual C++）开发环境中，提供了"测试"菜单下的各种测试功能。

2. 测试内容

由于这里的学生信息管理系统相对比较简单，因此下面给出单元测试纲要。

（1）数据添加、删除和修改测试，这些数据包括学生基本信息、课程信息、学生课程成绩、专业字典数据等。

（2）查询、统计学分和分析功能的测试。

（3）序列化功能的测试。

（4）打印与打印预览功能的测试。

（5）应用程序部署的测试（后面将讨论）。

（6）其他测试。

8.4.2 项目部署

在一个 MFC 应用程序发布和部署之前，首先需要将其编译生成 Win32 Release 版本的解决方案。不过，在 Microsoft Visual Studio 2010 进行部署时既可使用 InstallShield（需要下载安装），也可使用 Visual Studio Installer。Visual Studio Installer 就是借助 Windows 操作系统自带的 Windows Installer 来部署 Windows 或 Web 应用程序等。这里用 Visual Studio Installer 来部署应用程序项目 Ex_Student（仅两个文件：一个是 Ex_Student.exe，另一个是安装在 D 盘根目录的 student.mdb），具体步骤如下。

（1）启动 Microsoft Visual Studio 2010。调入前面的应用程序项目 Ex_Student，选择"生成"→"配置管理器"菜单命令，从弹出的对话框中，将"活动解决方案配置"或项目配置列表项中的"配置"选择为 Release，如图 8.10 所示。或者直接在"标准"工具上将"配置"组合框选择为 Release。

（2）选择"项目"→"Ex_Student 属性"菜单命令，在弹出的"Ex_Student 属性页"对话框中，展开并选中"配置属性"下的"常规"结点，将"MFC 的使用"属性选为"在静态库中使用 MFC"。选中"配置属性"下 C/C++ 中的"代码生成"结点，将"运行库"属性选为"多线程(/MT)"。这样设置的目的是让生成的可执行文件不依赖系统环境。

（3）单击 确定 按钮，关闭"Ex_Student 属性页"对话框。编译运行。

（4）选择"文件"→"新建"→"项目"菜单命令或按快捷键 Ctrl+Shift+N 或单击顶层菜单下的标准工具栏中的 按钮，弹出"新建项目"对话框。在"已安装的模板"栏下展开并选中"其他项目类型"→"安装和部署"下的 Visual Studio Installer 结点，在中间的模板栏中选中"安装向导"。

图 8.10 方案配置成 Win32 Release 版本

(5) 在"名称"编辑框中输入名称"Ex_Setup"。同时,要取消勾选"为解决方案创建目录"复选项,结果如图 8.11 所示。

图 8.11 创建 Visual Studio Installer 项目

(6) 单击 确定 按钮,弹出"安装向导"欢迎页面,单击 下一步> 按钮,进入向导的"选择一种项目类型"页面,如图 8.12 所示。

(7) 保留默认选项,单击 下一步> 按钮,进入向导的"选择一种项目类型"页面。单击下一步> 按钮，在弹出的"添加文件"对话框中将 D 盘根目录的 student.mdb 选入，结果如图 8.13 所示。

图 8.12　安装向导的"第 2 步"

图 8.13　安装向导的"第 3 步"

（8）单击 下一步> 按钮，进入向导的"创建项目"摘要页面。单击 完成 按钮，系统开始创建，并又回到了 Visual C++ 主界面，如图 8.14 所示。

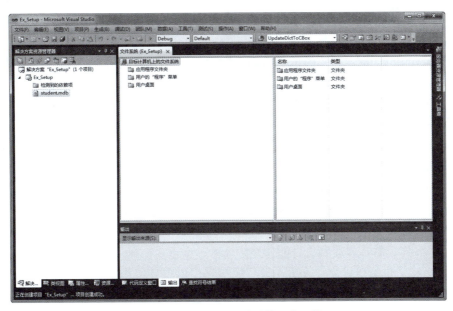

图 8.14　部署项目创建后的开发环境

（9）在项目工作区窗口的"解决方案资源管理"页面中，右击根结点 Ex_Setup，从弹出的快捷菜单中选择"属性"命令，出现"属性"窗口，如图 8.15 所示，其主要属性含义如下。

图 8.15　部署项目的属性

① AddRemoveProgramsIcon：添加或删除程序中显示的图标。单击该项右侧的下拉箭头，从弹出的列表中选择"浏览"，可将添加在部署项目中的图标文件设置成该应用程序的图标。

② Author：指定作者名，通常是开发该程序的公司名称。Author 通常与 Manufacturer

属性相同，如果 Manufacturer 是"VC 实训 4"，则 Author 也应该是"VC 实训 4"。当然，这些属性值均可直接修改。

③ Description：指定相关的说明，通常用来描述要部署的应用程序或组件。

④ DetectNewerInstalledVersion：指定在目标计算机上安装时是否检查有无该应用程序的更新版本。如果此属性设置为 True，并且在安装时检测到了更高的版本号，则结束安装。

⑤ InstallAllUsers：指定安装包是为所有用户还是仅为进行安装的用户安装。

⑥ Keywords：指定用于在目标计算机上搜索安装程序文件的关键字。

⑦ Localization：指定安装程序运行时用户界面的区域语言设置。

⑧ ManufacturerUrl：指定制造商信息的 Web 站点的链接网址。

⑨ ProductName：指定在目标计算机上安装应用程序或组件时用于描述该应用程序或组件的公共名称。默认为部署项目的名称。

⑩ Subject：指定在目标计算机上安装应用程序或组件时用于描述该应用程序或组件的其他信息。

⑪ Title：指定安装程序的标题。默认情况下，Title 属性与部署项目的名称相同。

(10) 在开发环境中间的"目标计算机上的文件系统"栏的空白处右击鼠标，从弹出的快捷菜单中选择"添加特殊文件夹"→"Custom 文件夹"命令，保留默认的"自定义文件夹♯1"结点名称，右击该结点，从弹出的快捷菜单中选择"属性窗口"命令。

(11) 在"属性窗口"中将 DefaultLocation 属性改为"D:\"。在项目工作区窗口的"解决方案资源管理"页面中，单击 student.mdb 结点，将其 Folder(文件夹)属性选为"自定义文件夹♯1"。

(12) 右击"目标计算机上的文件系统"中的 用户的 "程序" 菜单 结点，从弹出的快捷菜单中选择"添加"→"文件"命令，从弹出的"添加文件"对话框中将 Ex_Student 项目 Release 文件中的 Ex_Student.exe 选入。

(13) 右击 应用程序文件夹 结点，从弹出的快捷菜单中选择"添加"→"文件夹"命令，输入文件夹名"VC 实训 4_综合实习"。选中"VC 实训 4_综合实习"文件夹，在右侧栏窗口中右击鼠标，从弹出的快捷菜单中选择"创建新的快捷方式"，在弹出的对话框中选择"应用程序文件夹"，单击 确定 按钮，弹出"选择项目中的项"对话框，选中 Ex_Student.exe，单击 确定 按钮。输入快捷方式名称为"学生信息管理"。

(14) 单击 用户桌面 结点，在右侧栏窗口中右击鼠标，从弹出的快捷菜单中选择"创建新的快捷方式"，在弹出的对话框中选择"应用程序文件夹"，单击 确定 按钮，弹出"选择项目中的项"对话框，选中 Ex_Student.exe，单击 确定 按钮。输入快捷方式名称为"学生信息管理"。

(15) 选择"生成"→"重新生成解决方案"菜单命令。系统开始创建、打包，生成 Ex_Setup.msi(应用程序安装)和 setup.exe(.NET Framework 4.0 安装)文件。在项目工作区窗口的"解决方案资源管理"页面中，右击根结点 Ex_Setup，从弹出的快捷菜单中选择"安装"命令进行测试。至此，一个安装项目部署完毕。

图书资源支持

感谢您一直以来对清华版图书的支持和爱护。为了配合本书的使用,本书提供配套的资源,有需求的读者请扫描下方的"书圈"微信公众号二维码,在图书专区下载,也可以拨打电话或发送电子邮件咨询。

如果您在使用本书的过程中遇到了什么问题,或者有相关图书出版计划,也请您发邮件告诉我们,以便我们更好地为您服务。

我们的联系方式:

地　　址:北京市海淀区双清路学研大厦A座714

邮　　编:100084

电　　话:010-83470236　010-83470237

客服邮箱:2301891038@qq.com

QQ:2301891038(请写明您的单位和姓名)

资源下载: 关注公众号"书圈"下载配套资源。

书圈

获取最新书目

观看课程直播